essentials

Essentials liefern aktuelles Wissen in konzentrierter Form. Die Essenz dessen, worauf es als „State-of-the-Art" in der gegenwärtigen Fachdiskussion oder in der Praxis ankommt, komplett mit Zusammenfassung und aktuellen Literaturhinweisen. Essentials informieren schnell, unkompliziert und verständlich

- als Einführung in ein aktuelles Thema aus Ihrem Fachgebiet
- als Einstieg in ein für Sie noch unbekanntes Themenfeld
- als Einblick, um zum Thema mitreden zu können.

Die Bücher in elektronischer und gedruckter Form bringen das Expertenwissen von Springer-Fachautoren kompakt zur Darstellung. Sie sind besonders für die Nutzung als eBook auf Tablet-PCs, eBook-Readern und Smartphones geeignet.

Essentials: Wissensbausteine aus Wirtschaft und Gesellschaft, Medizin, Psychologie und Gesundheitsberufen, Technik und Naturwissenschaften. Von renommierten Autoren der Verlagsmarken Springer Gabler, Springer VS, Springer Medizin, Springer Spektrum, Springer Vieweg und Springer Psychologie.

Alexander Knochel

Neustart des LHC: das Higgs-Teilchen und das Standardmodell

Die Teilchenphysik hinter der Weltmaschine anschaulich erklärt

Dr. Alexander Knochel
Aachen
Deutschland

ISSN 2197-6708 ISSN 2197-6716 (electronic)
essentials
ISBN 978-3-658-11626-2 ISBN 978-3-658-11627-9 (eBook)
DOI 10.1007/978-3-658-11627-9

Die Deutsche Nationalbibliothek verzeichnet diese Publikation in der Deutschen Nationalbibliografie; detaillierte bibliografische Daten sind im Internet über http://dnb.d-nb.de abrufbar.

Springer Spektrum

Gedruckt auf säurefreiem und chlorfrei gebleichtem Papier

Springer Fachmedien Wiesbaden ist Teil der Fachverlagsgruppe Springer Science+Business Media (www.springer.com)

Vorwort

Der holprige Start des weltweit leistungsfähigsten Teilchenbeschleunigers *Large Hadron Collider* am Europäischen Kernforschungszentrum CERN im Jahr 2008 stieß auf großes Interesse in der Öffentlichkeit und den Medien. Mit der Entdeckung eines Higgs-Teilchens im Sommer 2012 schloss sich eine weitere Sensation an. Nach einer zweijährigen Pause nahm die Maschine im Frühjahr 2015 – jetzt bei höheren Energien – wieder ihren Betrieb auf, begleitet von Hoffnungen, dass weitere bahnbrechende Entdeckungen bevorstehen. Gegen Ende der Betriebspause des LHC keimte bei uns eine Idee auf: Begleitend zu diesem neuen Abschnitt der LHC-Saga wollten wir einen aktuellen, etwas anderen Blick hinter die Kulissen der Wissenschaft gewähren, wie sie an dieser „Weltmaschine" gemacht wird. Dabei erzählen wir diese Geschichte aus zwei Perspektiven: Auf der einen Seite gibt es Beschleunigerphysiker, Experimentalphysiker und Ingenieure. Sie haben am CERN und in ihren Heimatinstituten den LHC und die Experimente mit aufgebaut, betreiben sie, und trotzen damit der Natur ihre Geheimnisse auf den kleinsten Skalen ab. Mit ihnen Hand in Hand arbeiten auf der anderen Seite die Theoretiker. Sie stellen Berechnungen für die Vorgänge am Beschleuniger an und entwickeln die Theorien, anhand derer die beobachteten Phänomene beschrieben und erklärt sowie neue vorhergesagt werden können. Alle Beteiligten eint ein gemeinsames Ziel: besser zu verstehen, was die Welt im Innersten zusammenhält.

Das CERN und der Neustart des LHC aus der Sicht eines Experimentalphysikers sind in den Essentials „Neustart des LHC: CERN und die Beschleuniger" und „Neustart des LHC: die Experimente und das Higgs" beschrieben. Das vorliegende Essential „Neustart des LHC: das Higgs-Teilchen und das Standardmodell" ist der erste der beiden Beiträge aus der Sicht eines Theoretikers. Er ist dem *Status Quo* gewidmet: Mit welchem Wissen über die Grundkräfte und die Elementarteilchen gehen wir diese zweite Phase des LHC an? Dazu beginne ich bei den Anfängen der modernen Physik des 20. Jahrhunderts und erläutere, welche Überlegungen und Entdeckungen die theoretischen Entwicklungen von diesen Anfängen bis zum Standardmodell der Teilchenphysik geleitet haben. Der zweite Teil „Neustart des LHC: neue Physik“ behandelt – darauf aufbauend – in mehr Tiefe die Grenzen der existierenden Theorien, mögliche neue Phänomene, die am LHC entdeckt werden könnten, und die Fragestellungen, die die aktuelle Forschung antreiben. Es war mein Anliegen, die wichtigsten Entwicklungen allgemeinverständlich darzustellen und trotzdem möglichst selten um der Anschaulichkeit willen Dinge so stark zu vereinfachen, dass die Erklärungen falsch werden. Ich hoffe, dabei eine für Sie angenehme Balance zwischen Verständlichkeit, Vollständigkeit, Objektivität und Stringenz gefunden zu haben und wünsche viel Spaß beim Lesen!

Aachen, Juni 2015 Alexander Knochel

Was Sie in diesem Essential finden können

- Wie die Relativitätstheorie, die Quantentheorie und die Entdeckung neuer Teilchen zur Entwicklung des Standardmodells der Teilchenphysik geführt haben
- Wie das Standardmodell der Teilchenphysik aufgebaut ist und welche Elementarteilchen wir kennen
- Wie am LHC neue Teilchen produziert werden
- Was die Entdeckung eines Higgs-Teilchens für unser physikalisches Weltbild und die weitere Forschung bedeutet

Heureka!

Der 4. Juli 2012 war ein besonderer Tag für Teilchenphysiker auf der ganzen Welt. Während ich mich zusammen mit meinen Institutskollegen in Heidelberg wie viele andere in Europa nach dem Frühstück vor der Leinwand einfand, begann bei den amerikanischen Kollegen der Independence Day mit einer spannenden Nachtschicht. Der Anlass war ein live übertragenes Seminar am Europäischen Kernforschungszentrum CERN bei Genf. Dort vor Ort hatten sogar Menschen nachts vor dem Hörsaal ausgeharrt, um einen Platz zu ergattern. Die Sprecher zweier am dortigen Beschleuniger Large Hadron Collider (LHC) angeschlossenen Experimente sollten an diesem 4. Juli Neuigkeiten von der Suche nach dem sogenannten Higgs-Teilchen verkünden. Dass der unfreiwillige Namensgeber des bis dato hypothetischen Elementarteilchens, Peter Higgs, zu der Veranstaltung eingeladen war, ließ die Gerüchteküche im Vorfeld zusätzlich kochen. Ganz überraschend kam die ganze Sache aber für niemanden, der die Entwicklungen in den Monaten zuvor verfolgt hatte – schon am 12. Dezember 2011 waren in einer ähnlichen Veranstaltung erste Ergebnisse gezeigt worden, die man mit etwas Optimismus als Vorboten einer Entdeckung interpretieren konnte. Immer wieder waren in der Zwischenzeit durch verschiedene Kanäle Informationen gesickert. Das Fazit der Vorträge am 4. Juli 2012, die von den Sprechern der beiden Beschleunigerexperimente CMS und ATLAS stellvertretend für die insgesamt ca. 6000 Mitglieder gehalten wurden, war tatsächlich die Entdeckung eines neuen Teilchens – eine Entdeckung, die den vorläufigen Höhepunkt einer nicht weniger als 45 Jahre andauernden Suche darstellte.

Die Suche nach dem Higgs-Teilchen verlief ganz gezielt, denn man hatte anhand einer Theorie berechnet, welche Eigenschaften es haben *sollte* falls es in der erwarteten Form existiert, und die Analyse der Daten wurde dementsprechend optimiert. Lediglich die Masse des hypothetischen Teilchens war nur in gewissen Grenzen bekannt. Doch was für eine Theorie ist es, die diese erstaunliche Vorhersage erlaubt hat? Der theoretische Mechanismus, der den Namen von Peter Higgs trägt und auch das gleichnamige Teilchen vorhersagt, entstammt einer Reihe um 1964 erschienener Arbeiten von verschiedenen Forschern (insbesondere Higgs, Kibble, Guralnik, Hagen, Englert und Brout). Den Nobelpreis 2013 erhielten aber lediglich Englert und Higgs, was vermutlich den Beschränkungen des Regelwerks zur Preisvergabe geschuldet ist. Die Grundidee war nicht gänzlich neu, sondern von einem bereits existierenden Modell aus der Festkörperphysik inspiriert, der Ginsburg-Landau-Theorie von 1950 (Nobelpreis für Ginsburg 2003). Diese beschreibt den Effekt der Supraleitung, also der perfekten elektrischen Leitfähigkeit mancher Materialien bei tiefen Temperaturen. Neu war, diesen Ansatz auf einen völlig anderen Kontext zu übertragen, nämlich die Wechselwirkungen der Elementarteilchen. Allerdings war das mathematische Modell, das Higgs und Kollegen in ihren Originalarbeiten untersuchen, noch ein ganzes Stück entfernt davon, eine realistische Theorie aller fundamentalen Wechselwirkungen und Teilchen zu sein, und es erhob auch gar nicht diesen Anspruch.

- Die heute bekannten fundamentalen Wechselwirkungen, oder „Grundkräfte", sind einerseits der *Elektromagnetismus*, der für die Phänomene des Lichts, der Radiowellen und für die aus dem Alltag bekannten elektrischen und magnetischen Kräfte verantwortlich ist. Weiterhin gibt es die *schwache Wechselwirkung* oder schwache Kernkraft, die im Alltag vor allem als Auslöser verschiedener radioaktiver Zerfälle in Erscheinung tritt. Als drittes kommt die *starke Wechselwirkung* oder Kernkraft hinzu, welche unter anderem die Atomkerne und seine Bausteine, die Neutronen und Protonen, zusammenhält. Als vierte fundamentale Wechselwirkung wird die Schwerkraft gezählt, die eine wichtige Sonderrolle spielt und, wie wir sehen werden, in der Teilchenphysik oft außen vor bleibt.

Eine konkrete und realistische Theorie der ersten beiden dieser fundamentalen Wechselwirkungen, die sogenannte *elektro-schwache Theorie*, ließ jedoch nach den Arbeiten von 1964 nicht lange auf sich warten: Sie wurde bereits 1967 und 1968 von Steven Weinberg und Abdus Salam aufbauend auf einer Arbeit von Sheldon Glashow von 1961 aufgeschrieben und ist noch heute fast unverändert gültig. Sie integriert den Elektromagnetismus und die schwache Kernkraft mit Hilfe des *Higgs-Mechanismus* in eine gemeinsame Theorie und wird, in der Zwischenzeit um die starken Wechselwirkungen erweitert, *Standardmodell der Teilchenphysik* genannt. In diesem Buch geht es vor allem um diese Theorie, das Standardmodell, das abgesehen von der Gravitation die bekannten Wechselwirkungen aller bisher entdeckten Elementarteilchen (Stand Sommer 2015) beschreibt. Dank der Leistungsfähigkeit dieser Theorie ist man dem unbescheidenen Ziel der Elementarteilchenphysik, die bekannten Phänomene der Natur auf der fundamentalen Ebene vollständig zu beschreiben, schon beachtlich nah gekommen[1]. Das Standardmodell hat dabei durchaus schon einige bekannte Lücken. Neben dem Fehlen einer gesicherten Theorie der Quantengravitation ist eines der dringlichsten empirischen Versäumnisse wohl die fehlende Erklärung für die Dunkle Materie. Abgesehen von diesen wenigen Einschränkungen wurde das Standardmodell aber seit seiner Erfindung immer wieder aufs Neue experimentell bestätigt. Die Anzahl der unterschiedlichen überprüfbaren Vorhersagen, die es macht, ist dabei so hoch, dass das Vertrauen in die Theorie dementsprechend gestärkt wurde. Dieser Erfolg ging in den letzten Jahrzehnten so weit, dass Physiker zu hoffen begannen, das Standardmodell endlich in irgend einer Messung spektakulär scheitern zu sehen und so konkrete Erkenntnisse für neue theoretische Entwicklungen zu gewinnen. Stattdessen wurde in neuen Experimenten meistens das bestätigt, was man gemäß des Standardmodells eh schon erwartete.

Nur ein letzter Baustein des Standardmodells, das Higgs-Teilchen, war noch ungesehen. Die Entdeckung dieses Teilchens war also von zentraler Wichtigkeit für das Verständnis des gesamten Theoriegebäudes der Elementarteilchenphysik, und sie stellte fast schon einen Teil des Pflichtprogramms für die Experimente am LHC dar. Es war zwar mitnichten ein Dogma, dass ein Higgs-Teilchen existieren *musste*. Präzisionsmessungen hatten aber im Vorfeld bereits viele Alternativen zum Higgs-Ansatz lange vor der Entdeckung des Higgs-Teilchens auf den Theorie-Friedhof verfrachtet. Das machte es zunehmend schwierig, gänzlich *Higgs-Teilchen-lose* Modelle zu konstruieren (wovon ich ein Lied singen kann), und die Ergebnisse dieser Bemühungen waren vergleichsweise sehr aufwändig und unästhetisch. Dadurch fühlten sich eher diejenigen bestätigt, die eh schon von der Existenz des Higgs-Teilchens ausgingen. Mit seiner Entdeckung ist aber nur ein Anfang gemacht, allein schon deshalb, weil wir noch genauer hinsehen müssen, wie gut die Eigenschaften des entdeckten Teilchens wirklich mit den theoretischen Erwartungen übereinstimmen. Womöglich ergeben sich bei einer präziseren Vermessung des bereits entdeckten Teilchens doch noch lehrreiche Überraschungen, die einen neuen Weg über die bekannte Physik hinaus aufzeigen. Zudem sagen Erweiterungen der Theorie zusätzliche Higgs-Teilchen mit anderen Eigenschaften voraus.

Seit dem Frühjahr 2015 läuft nun der LHC nach etwa zweijähriger Pause mit von 8 TeV auf 13 TeV erhöhter Kollisionsenergie erneut, begleitet von großen

[1] Das soll nicht heißen, dass man damit automatisch all die komplexen Vorgänge versteht, die sich in der Welt abspielen – davon ist man sehr weit entfernt, und das ist auch nicht die Zielsetzung der Teilchenphysik. Aber man versteht die grundlegenden Spielregeln, nach denen sie ablaufen.

Hoffnungen, dass uns die stärkere Maschine ganz neue Entdeckungen jenseits des Higgs-Teilchens beschert. Um besser zu verstehen, welche Entdeckungen möglicherweise auf uns warten und welche Messungen am LHC im Übrigen durchgeführt werden, betrachten wir in diesem ersten Teil der „Teilchenphysik hinter der Weltmaschine“ den aktuellen Stand der theoretischen Elementarteilchenphysik in ihren wichtigsten Facetten. Der Dreh- und Angelpunkt dieser Betrachtung ist zwangsläufig das *Standardmodell der Teilchenphysik*, da es das Grundgerüst für unser gesammeltes Wissen über die fundamentalen Wechselwirkungen darstellt.

Am LHC werden unter anderem Protonenstrahlen zu hohen Energien beschleunigt und in den Wechselwirkungspunkten innerhalb der Experimente zur Kollision gebracht. Die elementaren Bestandteile der Protonen treffen dort aufeinander und neue Teilchen werden erzeugt. Manche davon zerfallen, und was übrig bleibt, fliegt vom Kollisionspunkt aus durch die Detektoren der Experimente und wird registriert. In den beiden „Theorie“-Essentials bespreche ich vorwiegend, was im Kollisionspunkt und den folgenden Teilchenzerfällen mikroskopisch passiert und was wir daraus über die Naturgesetze lernen können. Tiefere Einblicke in das, was davor und danach passiert – wie beispielsweise der Strahl zustande kommt und mit welchen Tricks die entstehenden Teilchen beobachtet werden – können Sie in den beiden „experimentellen“ Essentials gewinnen.

Inhaltsverzeichnis

Über die klassische Physik hinaus

Als Einstieg machen wir einen kurzen Streifzug durch die Anfänge der modernen Physik. Auf dem Weg bietet sich reichlich Gelegenheit, einige interessante Aspekte der Teilchenphysik zu beleuchten, die sich aus den im Laufe des 20. Jahrhunderts neu entdeckten Prinzipien ergeben.

Von Newton, Maxwell und Einstein zur Quantenelektrodynamik

Die gute alte klassische Mechanik von Galilei und Newton ist auch heute meist noch die Theorie der Wahl, wenn es darum geht, die Bewegungen von Gegenständen unseres Alltags zu beschreiben, seien es Teile von Maschinen, die Planeten, oder gar die Moleküle der Luft. Mit Newton kann man auch heute noch Raumsonden auf einem fernen Kometen landen. Falls Sie Newton in der Schule gelernt haben, war das also keine verschwendete Zeit! Wir verstehen heute allerdings sehr genau, wo diese mächtige und altehrwürdige Theorie ihre Grenzen hat. Sie verlaufen dort, wo verschiedene physikalische *Extremsituationen* eintreten.

Spezielle Relativitätstheorie Bewegen sich Objekte mit Geschwindigkeiten nahe der Lichtgeschwindigkeit, muss statt der klassischen Newton-Mechanik die spezielle Relativitätstheorie (SRT) Einsteins eingesetzt werden.

Die plakativste Konsequenz der SRT ist die Äquivalenz von Masse und Ruheenergie, die durch die berühmteste physikalische Gleichung von allen,

$$E = mc^2$$

A. Knochel, *Neustart des LHC: das Higgs-Teilchen und das Standardmodell*, essentials, DOI 10.1007/978-3-658-11627-9_1

zum Ausdruck kommt. Hier steht E für die dem *ruhenden* Körper innewohnende Gesamtenergie, m für seine Masse und c für die Lichtgeschwindigkeit. Dabei tragen *alle* Energieformen zur Masse bei – bei zusammengesetzten ruhenden Objekten auch die Bewegungsenergie und Bindungsenergie der nicht unbedingt ruhenden Einzelteile. Im Extremfall kann ein massives Objekt so gänzlich aus masselosen Bestandteilen zusammengesetzt sein.

Ein paar markante Beispiele: Eine gespannte Feder ist massereicher als eine entspannte (mehr Bindungsenergie). Auch ist ein warmer Körper etwas massereicher als ein identischer kalter (mehr Bewegungsenergie der Bestandteile). Die Masse eines Wasserstoffatoms ist *geringer* als die Massen seiner Bestandteile (Elektron und Proton) zusammen genommen. Die Summe von Bewegungsenergie und Bindungsenergie der beiden Teilchen ist hier nämlich *negativ* und zieht daher etwas von der Masse ab. Die dem gebundenen Atom „fehlende" Energie ist dabei nicht verschwunden, sondern wird in Form von Lichtquanten frei, wenn sich das Proton und Elektron zum Atom verbinden. Die Masse eines Protons hingegen ist *größer* als die Massen seiner Bestandteile, da hier die Bindungsenergie *positiv* ist. Eine perfekt verspiegelte Kiste, in der Lichtquanten gefangen sind, würde ebenfalls von außen betrachtet um die Energie dieser Lichtquanten schwerer sein.

Prinzipiell kann die der Masse entsprechende Energie eines Objekts in andere Energieformen umgewandelt werden und umgekehrt[1]. Das hat wichtige praktische Konsequenzen: Da die Lichtgeschwindigkeit in geläufigen Maßeinheiten mit ca. 300 Mio. Metern pro Sekunde eine sehr große Zahl ist, wohnt einem einzigen Kilogramm Materie die gewaltige Energie von 25 Mrd. kWh inne. Diese Energie kann zwar (zum Glück!) nicht ohne weiteres vollständig freigesetzt werden, in der Kernspaltung oder Kernfusion werden aber immerhin bis zu einige Promille davon in andere Energieformen umgewandelt. Das hat dann mehr oder weniger erfreuliche Folgen, z. B. in der Sonne (meist erfreulich), aber auch in Kernwaffen (eher nicht). An Teilchenbeschleunigern soll aber oft genau der umgekehrte Effekt erzielt werden: hier will man nämlich durch konzentrierten Einsatz von Energie massebehaftete, möglicherweise noch unbekannte Teilchen technisch erzeugen. Am LHC werden dazu seit Frühjahr 2015 Protonen auf etwa das 6900-fache ihrer Ruheenergie (also auf 6,5 TeV) beschleunigt und dann zur Kollision gebracht. Um die Energie eines *bewegten* Teilchens zu berechnen, benötigen wir eine etwas allgemeinere Version der Einstein-Formel,

$$E_{bewegt} = mc^2 \times \frac{1}{\sqrt{1 - v^2 / c^2}}$$

[1] Im Folgenden werden wir der Einfachheit halber oft die Masse von Teilchen als Energie angeben, wie es in der Teilchenphysik üblich ist. Damit ist dann die Ruheenergie gemeint.

Hier steht nun v für die Bewegungsgeschwindigkeit des Objekts und E_{bewegt} für die gesamte Energie des *bewegten* Objekts[2]. Setzt man $E_{bewegt} = E = mc^2$ ein, erhält man wieder die berühmte einfache Form $v = c$ für die Ruheenergie. Nähert man sich der Lichtgeschwindigkeit, wächst die Energie über alle Grenzen, bis man schließlich bei $v = c$ durch Null teilt – kein massebehaftetes Objekt kann in der SRT diese Geschwindigkeit erreichen, und um sich ihr beliebig zu nähern, braucht man beliebig viel Energie. Masse*lose* Objekte (insbesondere freie Lichtquanten) werden von dieser Formel nicht beschrieben – für sie gilt unabhängig von ihrer Energie immer $v = c$! Licht bewegt sich also mit der höchsten möglichen Geschwindigkeit, *weil es aus masselosen Teilchen besteht*, und da das Licht das bekannteste Phänomen mit dieser Eigenschaft ist, nennt man diese Grenzgeschwindigkeit „Lichtgeschwindigkeit".

Um wie im LHC vorgesehen das 6900-fache der Ruheenergie der Protonen zu erreichen, müssen diese gemäß dieser Formel auf ca. 99,99999895 % der Lichtgeschwindigkeit beschleunigt werden (rechnen Sie es doch mal nach, falls Sie einen Rechner mit genügend Stellen zur Hand haben. Dazu müssen Sie lediglich $v / c = 0{,}9999999895$ in die Formel einsetzen). Teile dieser Energie fließen dann im Zuge der Kollisionen in die Erzeugung neuer Teilchen.

► Die ab und zu geäußerte Vorstellung, man würde Teilchen kollidieren lassen, um sie zu zerstören und anhand der Bruchstücke zu lernen wie die Welt funktioniert, ist irreführend. Die im Teilchenbeschleuniger beschleunigten Teilchen sind vor allem ein Vehikel, um viel Energie auf engem Raum zu konzentrieren. Die Natur macht dann mit dieser von uns bereitgestellten Energie ihr Ding. Wir schauen dabei zu und hoffen, dass etwas interessantes passiert. Da uns die Natur diesen Gefallen vergleichsweise selten tut, muss sehr, sehr oft kollidiert werden um nützliche Beobachtungen zu machen – je nach Befüllung des LHC kreuzen sich die Teilchenpakete 20–40 Mio. mal *pro Sekunde* in den Experimenten – tagein tagaus. Dabei entstehen gewaltige Datenmengen, für die eine eigene weltweite IT-Infrastruktur, das *Grid*, geschaffen wurde.

Die radikalste konzeptionelle Neuerung der SRT ist aber eigentlich nicht die Äquivalenz von Masse und Energie, sondern die Einsicht, dass die Zeit nicht mehr

---

[2] Manchmal wird die Größe als bewegte Masse bezeichnet und gesagt, dass die Masse bewegter Objekte zunähme. Diese Sprachregelung mag für manche Zwecke nützlich sein, wird aber eher als veraltet angesehen. Mit Masse meine ich hier immer die der Ruheenergie entsprechende Masse – also eine Größe, die vom Bewegungszustand unabhängig ist.

absolut ist. Ihr Verlauf ist vom Bewegungszustand des Beobachters abhängig[3]. Ausgangspunkt der SRT ist nämlich die ungewöhnliche Tatsache, dass die Lichtgeschwindigkeit für alle Beobachter dieselbe ist, selbst wenn diese sich von der Lichtquelle weg oder auf sie zu bewegen. Das steht ja im Widerspruch zur Alltagserfahrung, wo z. B. eine Kanonenkugel schneller auf Sie zukommt, wenn Sie auf die Kanone zulaufen, da sich Ihre Geschwindigkeit und die der Kugel addieren. Diese Intuition ist aber nur fern der Lichtgeschwindigkeit richtig, und Licht verhält sich ganz anders! Diesen Umstand erklärt die SRT, indem sie den absoluten, für alle verbindlichen Verlauf der Zeit aufgibt. Diese Abkehr von einem hunderte oder gar tausende Jahre alten Grundpfeiler der Naturphilosophie – und noch dazu einem ungeheuer intuitiven – führte zu großen Akzeptanzproblemen bei konservativeren Zeitgenossen, erwies sich aber in Experimenten bald als richtig. Setzt man sich beispielsweise, wie Hafele und Keating es 1971 getan haben, mit einer Atomuhr in ein Flugzeug, findet man aufgrund der Fluggeschwindigkeit eine messbare Abweichung zu einer auf der Erde zurückgelassenen Uhr (In diesem historischen Experiment ca. hundert Nanosekunden). Diese Abweichung kann man nur anhand der Relativitätstheorie verstehen. Misst man also extrem genau, muss man schon fern der Lichtgeschwindigkeit zur Einstein'schen Theorie greifen.

Allgemeine Relativitätstheorie Die SRT löste also 1905 die Newton'sche Mechanik ab, hatte aber noch einen gravierenden Mangel: Die Gravitation fehlte! Einstein musste klar sein, dass Newtons Gesetze der Schwerkraft in ihrer alten Form nicht mehr mit seiner Relativitätstheorie vereinbar waren; allein schon deshalb, weil die Newton'sche Gravitationskraft unmittelbar wirkt, während in der speziellen Relativitätstheorie nichts schneller als die Lichtgeschwindigkeit bewegt oder übertragen werden kann, ohne dass schwerwiegende konzeptionelle Probleme auftauchen. Im November 1915, etwa zehn Jahre nach der Veröffentlichung der speziellen Relativitätstheorie, war es so weit – eine neue Gravitationstheorie, die *allgemeine Relativitätstheorie* (ART), war fertiggestellt. Sie enthält die SRT als Grenzfall. In der ART existiert die Schwer*kraft* nicht als solche, was zunächst widersinnig klingen mag. Die Wirkung der Gravitation entsteht hier, weil Objekte eine geometrische Krümmung des Raum-Zeit-Gefüges bewirken, und andere Objekte so in ihrer Bewegung abgelenkt werden. Da es in der ART keine Schwerkraft als solche gibt, gibt es auch keine Unterscheidung zwischen träger und schwerer Masse. Deren Gleichheit war bei Newton noch eine unerklärte Laune der Natur.

[3] Damit ist nicht der psychologische Effekt gemeint, dass sich Wartezeiten, in denen man still sitzt, ewig zu ziehen scheinen. Der physikalische Effekt ist viel kleiner und im Alltag nicht bemerkbar.

Diese jetzt 100 Jahre alte Idee der Gravitation als Raumzeit-Krümmung mutet auch heute irgendwie noch wie Science-Fiction an, ist aber schon lange „Science": auch dieses Theoriegebäude wurde nach anfänglicher Skepsis in den folgenden Jahrzehnten in verschiedenen Experimenten und Beobachtungen durch seine korrekten Vorhersagen bestätigt. Damit war die alte Idee eines starren Raumes und einer festen Zeitachse endgültig passé. Auch der von der ART vorhergesagte Effekt der Schwerkraft auf den Verlauf der Zeit wurde 1971 in dem Flugzeugexperiment von Hafele und Keating beobachtet – Die Zeit läuft, weiter weg vom Erdmittelpunkt entfernt, etwas schneller (Im historischen Experiment einige hundert Nanosekunden).So berücksichtigen die Ortungssysteme GPS (und vorauss. ab 2016 auch Galileo), dass die Uhren in den Satelliten aufgrund ihrer Orbits schneller laufen als jene auf der Erde.

► Einen wichtigen konzeptionellen Unterschied zwischen der speziellen und allgemeinen Relativitätstheorie sollten Sie im Hinterkopf behalten, da er auch heute noch Kopfzerbrechen bereitet und unmittelbare Auswirkungen auf die Physik des 21. Jahrhunderts hat: trotz der Abhängigkeit des Zeitverlaufs vom Bewegungszustand des Beobachters, trotz dieser *Vermischung* von Raum und Zeit, sind beide gemeinsam genommen in der *speziellen* Relativitätstheorie doch noch eine starre Bühne, auf der sich das Weltgeschehen entfaltet. Sie ist fest vorgegeben und nimmt nicht selbst dynamisch daran teil. In der *allgemeinen* Relativitätstheorie wird die Bühne der Raumzeit selbst zum Akteur, da sie sich biegt und schwingt, und generell auf komplizierte Art und Weise mitmischt, wenn sich in ihr etwas abspielt.

Wir werden im zweiten Buch in mehr Details darauf zurückkommen, wie dies den Theoretikern heute noch schlaflose Nächte bereitet, und warum manche hoffen, durch die Experimente am LHC Hinweise zu bekommen, wie man damit umgehen soll. In der experimentellen Teilchenphysik blieb die allgemeine Relativitätstheorie nämlich bisher außen vor, da die Gravitation bei Teilchenkollisionen im Labor so viel schwächer als die anderen bekannten Grundkräfte wirkt, dass sie auf diesen Skalen keinen messbaren Einfluss auf die Vorgänge zu haben scheint. Es wird spekuliert, dass sich das bei den bisher unerreichten Energien des LHC ändern *könnte*, und wir dort die Chance bekommen, etwas Neues über die Physik der Gravitation zu lernen. Dazu, wie begründet diese Hoffnung ist, gibt es sehr unterschiedliche Meinungen. Es wird nach meiner Einschätzung aber von der Mehrheit der Forscher für unwahrscheinlich erachtet, da dies aus theoretischer Sicht nur durch eine radikale Abweichung von der allgemeinen Relativitätstheorie möglich wäre, für die es bisher keine wirklich überzeugenden Hinweise gibt. Falls doch, wäre es aber eine viel größere Sensation als die Entdeckung des Higgs-Teilchens.

Übrigens – da die allgemeine Relativitätstheorie eine Theorie der Raumzeit selbst ist, ermöglichte sie eine weitere wissenschaftliche Großtat: Erstmals konnte die Geschichte des Kosmos als Ganzes, und insbesondere seine Ausdehnung im Laufe der Zeit, verstanden und berechnet werden – die moderne physikalische Kosmologie mit der Beschreibung des „Urknalls“ wurde ermöglicht (Stichwörter: *Hubble-Parameter*, *Friedmann-Gleichungen*, *Friedmann-Lemaître-Robertson-Walker*).

Quantentheorie Auf eine ganz andere Grenze der klassischen Physik stieß man, als man begann, die Vorgänge im Inneren der Atome zu untersuchen. Hier muss man zur *Quantenmechanik* greifen, die – angeregt durch Planck (Nobelpreis 1918/1919) und Einstein (Nobelpreis 1921) – von Heisenberg (Nobelpreis 1932/1933), de Broglie (Nobelpreis 1929), Schrödinger, Dirac (gemeinsamer Nobelpreis 1933) und anderen in den 1920er Jahren entwickelt wurde. Bohr (Nobelpreis 1922) und Sommerfeld (kein Nobelpreis, aber oft vorgeschlagen) versuchten zuvor, die klassisch-mechanische Beschreibung in das Atomzeitalter hinüberzuretten, indem sie Atome als kleine Planetensysteme auffassten, die gewissen zusätzlichen Postulaten unterliegen sollten. Das einfache Bohr'sche Atommodell mit Elektronen auf Kreisbahnen ist Ihnen vermutlich zumindest als graphische Darstellung schon begegnet. Es stellte sich jedoch nach anfänglichen Erfolgen bald heraus, dass die Physik der Atome so nicht korrekt beschrieben werden konnte. Das oft bemühte Bild von Elektronen, die als kleine Kugeln ihre Bahnen wie Planeten um den Atomkern ziehen, ist zwar verlockend anschaulich, aber zu falsch, um ein wirklich tiefes Verständnis des Atoms zu ermöglichen. Die Quantentheorie, die das Atom letztendlich erfolgreich beschreiben sollte, war in ihren Konsequenzen für unser physikalisches Weltbild noch radikaler als die Relativitätstheorien Einsteins: die Vorstellung, dass Objekte im Atom einen fest definierten Ort haben, musste zugunsten einer *Wahrscheinlichkeitsaussage* über ihren Ort aufgegeben werden (verspäteter Nobelpreis für Max Born 1954). Genauer gesagt, sind in der Quantenmechanik Ort und Geschwindigkeit eines Objekts nicht gleichzeitig exakt bestimmt[4]. Dieser Umstand wird mathematisch durch die ebenfalls berühmte Heisenberg'sche Unschärferelation

[4] Hier steht man vor der philosophischen Frage, ob Ort und Geschwindigkeit von Objekten einfach nicht gleichzeitig exakt messbar sind oder tatsächlich nicht als festgelegte Größen in der Natur *existieren*, und was das bedeutet. Dies hängt genau genommen davon ab, welche Interpretation der Quantenmechanik man zugrunde legt, oft wird aber von der einfacheren Annahme ausgegangen, dass sie nicht als solche existieren.

$$\Delta x \Delta p \geq \frac{\hbar}{2}$$

illustriert. Hier ist Δx die Unschärfe des Ortes eines Teilchens und Δp die Unschärfe des Impulses, der in der klassischen Mechanik proportional zur Geschwindigkeit ist. Die Naturkonstante $\hbar$ ist das sogenannte (reduzierte) Planck'sche Wirkungsquantum. Sind der Ort oder der Impuls sehr genau bestimmt, ist die jeweils andere Größe zwangsläufig nur entsprechend ungenau bestimmt. In geläufigen Maßeinheiten ausgedrückt, ist

$$\hbar \sim 1{,}06 \times 10^{-34}\,\mathrm{W\,s^2}$$

eine extrem kleine Zahl, weshalb diese Unschärfe für Gegenstände unseres Alltags keine Rolle spielt. Bestimmt man z. B. die Geschwindigkeit eines Fußballs auf ein Tausendstel km/h genau, ist die Heisenberg'sche Unschärfe seiner Position weniger als 10^{-30} m, eine unvorstellbar kleine Strecke. Hier muss die FIFA bei Streitigkeiten über Torwertungen keinen Quantenphysiker bestellen. Ganz anders sieht es im Atom aus: Auf diesen kleinen Skalen unter einem Milliardstel Meter, und für solch leichte Objekte wie das Elektron, bestimmt die Heisenberg'sche Unschärfe dominant das Geschehen. Die Elektronen werden nicht mehr durch ihren Ort und ihre Geschwindigkeit beschrieben, wie das bei Newton der Fall wäre, sondern durch eine Welle, deren Amplitude an verschiedenen Orten im Atom lediglich die Wahrscheinlichkeit festlegt, mit der das Elektron sich nach einer Messung dort aufhält. Der „wahre" Ort des Teilchens kommt in der Theorie überhaupt nicht vor.

Besonders schockierend daran ist, dass der Determinismus der klassischen Mechanik nicht mehr zu gelten scheint, denn aufgrund der Quantenunschärfe sind mit den Positionen und Geschwindigkeiten auch die Ergebnisse individueller Messungen nicht mehr eindeutig durch den Aufbau und die Ausgangssituation des Experiments bestimmt. Die Theorie macht nur Aussagen über die Wahrscheinlichkeiten der verschiedenen möglichen Messergebnisse, wenn man das Experiment oft wiederholt! Die Quantenunschärfe ist also nicht eine Frage der mangelnden Genauigkeit unserer Messapparatur, sondern eine prinzipielle Beschränkung der Natur.

Dies ist auch ein ganz zentraler Aspekt der Elementarteilchenphysik, und mit ein Grund, weshalb Beschleuniger wie der LHC über Jahre hinweg eine riesige Anzahl an Kollisionen durchführen müssen, deren Ergebnisse am Ende statistisch ausgewertet werden.

Notwendigkeit einer Vereinigung Wir haben also gesehen, dass die klassische Mechanik Newtons in verschiedenen Extremsituationen zunächst durch *verschie-*

dene andere Theorien ersetzt werden musste. Das war in etwa der Stand der Dinge in den 1930er Jahren. Selbstverständlich hätte man aber gerne eine fundamentale Theorie, welche die Natur möglichst umfassend beschreibt. Zwingend braucht man eine solche vereinigte Theorie spätestens, wenn mehrere der genannten Extreme gleichzeitig auftreten. Angenommen, man will die Kollision zweier Elektronen mit annähernd Lichtgeschwindigkeit theoretisch beschreiben. Die spezielle Relativitätstheorie ist hier nicht ausreichend, da wir es mit Größenordnungen zu tun haben, in denen die Quanteneffekte eine Rolle spielen. Die Quantentheorie von Schrödinger und Heisenberg ist aber ebenfalls nicht geeignet, da wir es mit einem Vorgang nahe der Lichtgeschwindigkeit zu tun haben. Hier braucht es eine Art *Synthese* der Quantenmechanik und der speziellen Relativitätstheorie. Die *allgemeine* Relativitätstheorie bleibt hier aber zunächst noch außen vor.

Quantenelektrodynamik Die erste Theorie, in der eine Vereinigung von Quantentheorie und spezieller Relativitätstheorie vollständig glückte, war die sogenannte Quantenelektrodynamik (QED), die das Licht und alle anderen Phänomene des Elektromagnetismus beschreibt. Hier ist die Notwendigkeit vielleicht besonders offensichtlich, da sich Lichtquanten schließlich mit Lichtgeschwindigkeit bewegen und damit automatisch auch ein Fall für die spezielle Relativitätstheorie sind. Die Beschreibung des Lichts als *elektromagnetische Welle* und die damit verbundene Vorhersage der Existenz von Radiowellen gelang Maxwell mit den nach ihm benannten Gleichungen bereits in den 1860er Jahren (experimenteller Nachweis durch Heinrich Hertz 1886). Nun musste noch eine Quantentheorie daraus gemacht werden, um auch den *Teilchencharakter* des Lichts einzufangen[5]. Die Quanteneigenschaften des Lichts wurden zwar schon früh von Planck, Einstein (der ja seinen Nobelpreis für den Photoeffekt erhielt) und anderen diskutiert, was entscheidend zur Geburt der Quantentheorie beitrug, es existierte aber zunächst noch keine in sich geschlossene Quantentheorie des Elektromagnetismus, die die spezielle Relativitätstheorie berücksichtigte. Die QED, die das alles leistet, wurde in ihrer heute noch gültigen Form um das Jahr 1949 von Feynman, Schwinger und Tomonaga fertiggestellt, wofür die drei Physiker 1965 den Nobelpreis erhielten. Die erste fundamentale Wechselwirkung war damit theoretisch gut verstanden – es fehlten „nur" noch die schwachen und starken Wechselwirkungen. Die QED kann

[5] Konzeptionell nähert man sich hier den Elektronen und dem Licht aus entgegengesetzten Richtungen: im Fall der Elektronen war klar, dass es sich um Teilchen handelt, und die quantentheoretische Beschreibung offenbarte ihre zweite Natur als Welle. Das Licht war nach Maxwell und Hertz als klassische Welle experimentell und theoretisch verstanden, und die quantentheoretische Beschreibung brachte das Verständnis seines *Teilchen*charakters, der beispielsweise im Photoeffekt sichtbar wird.

also als Vorstufe des Standardmodells der Teilchenphysik gesehen werden und ist vollständig in diesem enthalten.

Die QED ist eine teilchenphysikalische Theorie, die es faustdick hinter den Ohren hat: man kann ohne Übertreibung sagen, dass sie eine der präzisesten theoretischen Vorhersagen der Wissenschaftsgeschichte gemacht hat, nämlich über die Stärke des Magnetfeldes, das von einem einzelnen Elektron ausgeht (Stichwort *anomales magnetisches Moment*). Diese wurde einerseits anhand der QED theoretisch berechnet und andererseits in Messungen auf 9 Stellen nach dem Komma bestätigt, was für sich genommen schon eine monumentale experimentelle Leistung ist. Die Genauigkeit dieser theoretischen Vorhersage entspricht anschaulich der Bestimmung des Abstands zwischen Berlin und Peking auf wenige Millimeter genau. Aufgrund dieser gewaltigen Präzision blieben kaum Zweifel, dass die Herangehensweise der QED, den Maxwell'schen Elektromagnetismus und die Quantentheorie zu vereinigen, im Grunde richtig sein musste. Ein weiterer wichtiger Effekt, der erst in der QED verstanden werden konnte, ist der sogenannte *Lamb-Shift*. Hierbei handelt es sich um eine kleine Verschiebung atomarer Spektrallinien zueinander, die erstmals von Lamb 1947 beobachtet (Nobelpreis 1955) und kurz darauf von Hans Bethe berechnet wurde.

Was ist Quantenfeldtheorie?

Die Quantenelektrodynamik und das Standardmodell als Ganzes fallen in die Kategorie der sogenannten Quantenfeldtheorien (QFTs). Viele der Dinge, die man an Teilchenbeschleunigern wie dem LHC anstellt, beruhen auf den faszinierenden allgemeinen Eigenschaften dieser Quantenfeldtheorien, weshalb wir eine Zwischenstation einlegen und einen genaueren Blick auf sie werfen wollen, bevor wir uns an das Standardmodell im Detail wagen.

Was sind Felder? Der Gegenstand der Quantenfeldtheorien sind, wie der Name verrät, sogenannte Felder. Der Begriff des Feldes ist Ihnen vermutlich schon im Zusammenhang mit elektrischen und magnetischen Feldern begegnet. Dabei unterscheiden sich die von Feldtheoretikern verwendeten Feldbegriffe von diesem Alltagsbegriff etwas, was in manchen Berichten über das Higgs in den Medien für etwas konzeptionelles Durcheinander sorgte. Die Sache wird zusätzlich dadurch verkompliziert, dass der Feldbegriff sich je nach verwendetem Formalismus unterscheidet. Ganz allgemein gesprochen ist ein Feld eine Vorschrift, die jedem Punkt in Raum und Zeit ein mathematisches Objekt zuordnet, das einen Teil der physikalischen Vorgänge beschreibt, die an diesem Ort ablaufen. Der sogenannte Erwartungswert des mathematischen Feldes entspricht dem, was in der Umgangssprache als „das Feld“ bezeichnet wird, wie zum Beispiel ein Magnetfeld oder elektrisches Feld. Wenn man in der Umgangssprache zum Beispiel sagt, dass kein Magnetfeld herrscht, würde man als Feldtheoretiker sagen, der Erwartungswert des Magnetfeldes ist Null, das Feld selbst als theoretisches Objekt ist aber noch da! Mit „Erwartungswert“ meint man den durchschnittlichen Wert des Feldes, den man in einer Messung vorfindet, und der aufgrund der Quanteneffekte normalerweise statistischen Schwankungen unterliegt. In Alltagsanwendungen jenseits atomarer Größenordnungen fällt diese Unschärfe aber normalerweise nicht ins Gewicht, weshalb man beispielsweise in der Elektrotechnik meist einfach von *dem Wert* des magnetischen und elektrischen Feldes sprechen kann und höchstens durch Rauschen an die Quanteneffekte erinnert wird.

Teilchen aus Feldern Interessant an der Beschreibung der Elementarteilchen durch QFTs ist, dass die grundlegenden Objekte zunächst nicht die Teilchen sondern eben die Felder sind. Damit steht hinter jeder bekannten Teilchenart solch ein Feld: die Elektronen sind durch das Elektronfeld vertreten, die Photonen durch das Photonfeld (=das elektromagnetische Feld) und so weiter. Die Teilchen selbst tauchen in der Theorie dann als *Anregungen* dieses sich über den ganzen Raum erstreckenden Feldes auf, ein wenig wie Wellen auf einem sonst still liegenden See oder die Schwingungen einer Gitarrensaite[6]. Dies führt zu dem etwas platonisch anmutenden Bild, in dem die abstrakten Felder gewisse Eigenschaften besitzen, die auf all ihre Anregungen übertragen werden. So haben beispielsweise alle Elektronen der Welt laut QFT exakt die gleiche Masse, da sie alle Anregungen des selben Elektronfeldes sind, und dieses Elektronfeld wiederum aufgrund von Symmetrien überall die gleichen Eigenschaften hat.

Virtuelle Teilchen Spannend ist aber auch, dass diese Felder neben dem Auftreten der herkömmlichen Teilchen noch andere Konsequenzen haben, die eben nur in der Quantenfeldtheorie, aber nicht in den Vorgängern wie der Quantenmechanik, auftreten. Mit dem so erstaunlich genau vermessenen anomalen magnetischen Moment des Elektrons und dem Lamb-Shift hatte ich schon zwei wichtige Beispiele erwähnt. Diese Effekte kommen daher, dass die Felder nicht nur solche Anregungen zulassen, wie sie gewöhnlich als Teilchen interpretiert werden, sondern auch verschiedene kurzlebigere Zwischenzustände, die oft als *virtuelle*

[6] Natürlich ist diese Anschauung wie so oft mit Vorsicht zu genießen – beispielsweise treten die Teilchenanregungen der Quantenfelder nur in diskreten Paketen – den Quanten – auf, während die Amplitude einer klassischen Welle eine kontinuierliche Größe ist.

Teilchen bezeichnet werden, und die spontan auftauchen und das Verhalten anderer Teilchen beeinflussen können, ohne jemals selbst als Teilchen beobachtet zu werden. Markenzeichen dieser virtuellen Teilchen ist, dass der Zusammenhang zwischen ihrer Masse und Ruheenergie $E = mc^2$ aufgehoben ist. In der Einleitung hatte ich erwähnt, dass es durch Präzisionsmessungen Hinweise auf die Existenz des Higgs-Teilchens gab, bevor es wirklich entdeckt wurde. Hier wurden die Auswirkungen virtueller Anregungen des Higgs-Feldes auf andere Teilchenprozesse beobachtet, ohne dass wirklich davon die Rede sein konnte, dass ein Higgs-Teilchen direkt erzeugt wurde. Dafür war nämlich am Vorgängerbeschleuniger des LHC, dem LEP, gar nicht genug Energie zur Verfügung. Für virtuelle Higgs-Anregungen, die nicht dieser Beschränkung unterliegen, war dies aber kein Hindernis. Die Abgrenzung zwischen virtuellen und reellen Teilchen ist allerdings nicht ganz scharf, und so ist eigentlich jedes Teilchen, das je mit anderen in Wechselwirkung tritt, ein klein wenig virtuell. Im Abschnitt zur Beobachtung kurzlebiger Teilchen als Resonanzen am Beschleuniger wird dies vielleicht klarer werden.

Kräfte Zwei elektrisch gleich geladene Körper stoßen sich ab, gegensätzlich geladene ziehen sich an. Wie erklärt man diese Kraft theoretisch? In der alten Elektrodynamik Maxwells erzeugen geladene Teilchen Felder (im umgangssprachlichen Sinn), werden abcr auch durch Felder abgelenkt und beschleunigt, wenn sie sich in ihnen bewegen. Fertig ist die Kraftwechselwirkung, vermittelt durch die elektromagnetischen Felder! Dies ist im Grunde in der Quantenelektrodynamik ähnlich – hier kommen aber noch zusätzliche Effekte der virtuellen Teilchen hinzu. Außerdem gibt es durch die Deutung der Feldanregungen als Teilchen eine interessante neue Interpretation des Phänomens „Kraft“. Man kann die Kraft, die zwischen zwei Objekten oder Teilchen wirkt, als *Austausch virtueller Teilchen* auffassen. Im Falle der elektrostatischen oder magnetostatischen Kräfte, wie man sie aus dem Alltag kennt, ist dies der Austausch virtueller Photonen. Um das anschaulich zu machen, kann man sich ein Szenario vorstellen, in dem sich zwei auf Rollschuhen stehende Personen gegenüber stehen und gegenseitig einen Ball zuwerfen. Sie bewegen sich dann beide nach hinten auseinander, eine beim Werfen, eine beim Fangen, was man als gegenseitige Abstoßung durch Austausch eines Ball-„Teilchens“ auffassen kann. Leider versagt auch diese Analogie etwas, wenn man versuchen will, sich damit *Anziehung* vorzustellen. Das ist aber kein Problem der Theorie, sondern nur ein Problem der Anschauung, da virtuelle Teilchen nicht denselben Beschränkungen unterliegen wie die der klassischen Physik gehorchenden Bälle in unserer Vorstellung. Wenn wir später die verschiedenen (bosonischen) Teilchen des Standardmodells besprechen, werden wir dies oft im Zusammenhang mit den Kräften tun, welche sie vermitteln.

Antimaterie Schon bevor die Quantenfeldtheorie QED vollständig ausgearbeitet war, stieß Paul Dirac bei seiner Behandlung des Elektrons in der speziellen Relativitätstheorie im Jahr 1928 auf ein mathematisches Kuriosum: Scheinbar beschrieben die Gleichungen zusätzlich zum bekannten Elektron eine zweite Teilchenart gleicher Masse, die aber positiv statt negativ geladen war und heute als *Positron* bezeichnet wird. Seit dieses *Antiteilchen* zum Elektron nur vier Jahre später experimentell entdeckt wurde (Nobelpreis für Anderson 1936), wissen wir, dass es sich nicht nur um ein mathematisches Kuriosum, sondern um ein reales Phänomen handelt, dessen Existenz von der speziellen Relativitätstheorie richtig vorhergesagt wird. Wie das Elektron erhält in der Quantenfeldtheorie (und, so wie es ausschaut, in der Natur) jedes Teilchen seinen Anti-Partner. Manche Teilchen, wie das Photon, sind aber zugleich Teilchen und Antiteilchen in Personalunion.

Die berühmteste Eigenschaft der Antimaterie ist, dass sie sich mit herkömmlicher Materie beim Aufeinandertreffen gegenseitig vernichtet und die Masse fast komplett als Strahlungsenergie verschiedener Art freigesetzt wird (bei Kernfusion sind es nur Promille!). Im Gegensatz zu dem Phantasieszenario aus Dan Browns Roman *Angels&Demons*, wo dem Vatikan die Vernichtung durch eine solche Antimaterie-Explosion droht, können aber in der Realität nur extrem geringe Mengen davon technisch erzeugt werden. Die Energie für eine solche Explosion müsste man dabei vorher beim Herstellen der Antimaterie sprichwörtlich aus der Steckdose holen. Zudem ist der derzeitige Herstellungsprozess z. B. am *Antiproton Decelerator* des CERN extrem ineffizient, und man kann Antimaterie aus technischen Gründen sowieso nicht in nennenswerten Mengen lagern – liegt sie in elektrisch neutraler Form vor, kann man sie nicht in großen Mengen durch Felder fixieren, und ist sie elektrisch geladen, stoßen sich die Anti-Atome gegenseitig zu stark ab.

Antiteilchen spielen dennoch eine praktische Rolle, beispielsweise in der Medizin, wo dieser Zerstrahlungseffekt in der Positronen-Emissions-Tomographie (PET) genutzt wird. Hier werden die Positronen aber nicht direkt hergestellt, sondern aus einem Kernzerfall gewonnen. In manchen Teilchenbeschleunigern (z. B. DORIS, PETRA, SLC, *Sp$\bar{p}$S*, LEP und Tevatron, nicht aber dem LHC) wurden auch Antimaterieteilchen als Ausgangsteilchen für Kollisionen verwendet. Als *Produkte* der Teilchenkollisionen entstehen Antiteilchen aber fast immer.

Unendlichkeiten und Renormierung Eine QFT zu formulieren, wurde bereits in der Frühzeit der Quantentheorie versucht, z. B. von Pauli und Heisenberg selbst. Man traf allerdings auf scheinbar unüberwindliche Probleme: viele Berechnungen schienen unendliche Resultate zu ergeben (beispielsweise für Massen oder Streuquerschnitte), und man dachte deshalb, dass Quantenfeldtheorie kein gangbarer Ansatz sei. Mittlerweile versteht man gut, wie diese Unendlichkeiten zu interpretieren sind und wie man mit ihnen umgehen kann, um QFTs dennoch für Berechnungen zu verwenden. Darin bestand eine wichtige Leistung von Feynman, Schwinger und Tomonaga, mit der sie der QED zum Durchbruch verhalfen. Ihre Methode wird *Renormierung* genannt. Der Niederländer H. A. Kramers hatte sie zuvor skizziert, und Erfolge wie die Berechnung des Lamb-Shifts durch Hans Bethe zeigten auf, dass diese Vorgehensweise gerechtfertigt war. Die Renormierung erlaubt es, die auftretenden Unendlichkeiten systematisch zu eliminieren, ohne die Vorhersagekraft der Theorie zu verlieren. Man addiert dazu nach einer genauen *Renormierungsvorschrift* auf die nicht experimentell beobachtbaren freien Eingabeparameter der Theorie einen unendlichen Wert, der die ursprüngliche Unendlichkeit im Ergebnis gerade weghebt. Das neue Ergebnis der Rechnung ist dann endlich und mit Experimenten vergleichbar. Da man mit unendlichen Größen schlecht rechnen kann, macht man die Ergebnisse in den Zwischenschritten üblicherweise durch einen *Regularisierung* genannten mathematischen Trick endlich. Das klingt wohl alles etwas abenteuerlich, erbringt aber die oben erwähnten phantastisch präzisen Vorhersagen.

Die Rolle des Higgs-Teilchens Auch das Higgs-Teilchen ist genau aus diesem Grund ein wichtiger Baustein der Theorie: Es hat die Aufgabe, die *Renormierbarkeit* des Standardmodells der Teilchenphysik sicherzustellen. Üblicherweise wird gesagt, dass das Higgs-Teilchen eine Anregung jenes Feldes ist, das die Massen der anderen Elementarteilchen erzeugt. Das ist auch völlig richtig, aber nur ein Teil der Wahrheit. Man kann nämlich in die Theorie auch Massen für die Elementarteilchen einbauen, ohne ein Higgs-Teilchen zu haben! Wenn man derart krude vorgeht, treten aber so viele neue Unendlichkeiten in den Berechnungen auf, dass die vorhandenen freien Eingabeparameter nicht ausreichen, um diese wie oben erklärt zu tilgen. Man wäre sogar gezwungen, *unendlich viele freie Eingabeparameter* zum Standardmodell hinzuzufügen. Im schlimmsten Fall (und zwar dann, wenn man Vorgänge bei hohen Energien betrachtet) hängen die Vorhersagen der Theorie dann von unendlich vielen unbekannten Größen ab und sind somit keine Vorhersagen mehr – die Theorie bricht zusammen. Dies ist ein Zeichen dafür, dass sie unvollständig ist. Fügt man nun aber das Higgs-Teilchen zur Theorie hinzu, werden durch seine Beiträge zu Teilchenreaktionen so viele dieser Unendlichkeiten eliminiert, dass die Theorie *renormierbar* wird (Nobelpreis für 't Hooft und Veltman 1999). Die wenigen verbliebenen Unendlichkeiten können dann entfernt werden, ohne dass zum Standardmodell etwas hinzugefügt werden muss – es ist also dank Higgs-Teilchen erst in sich konsistent. Weshalb dies funktioniert, besprechen wir später genauer.

Der Weltuntergang, das Elektronenvolt und Du

Energie im Alltag und in der Teilchenwelt In der Einleitung hatte ich bereits die Maßeinheit TeV verwendet, ohne sie zu definieren. Dabei handelt es sich um ein in der Teilchenphysik häufig verwendetes Maß für eine Energiemenge. Die Grundeinheit ist eigentlich das *Elektronenvolt*, das mit eV abgekürzt wird. Es ist die Energie, die ein einzelnes Elektron gewinnt, wenn es in einem Stromkreis eine Spannungsdifferenz von einem Volt durchlaufen hat – daher der Name. Dabei handelt es sich um eine für Alltagsverhältnisse verschwindend kleine Energiemenge – ein einzelnes Lichtquant des grünen Lichts hat etwa 2,4 eV. Zum Vergleich: Eine Kilowattstunde, also die Energie, die ein Haushaltsgerät mit 1000 W Leistungsaufnahme in einer Stunde verbraucht, entspricht etwa 6×10^{25} eV (also einer 6 mit 25 Nullen). Da ein eV auch für teilchenphysikalische Verhältnisse eine recht kleine Energiemenge ist, stellt man ein k, M, G oder T vorne an, was für kilo (Tausend), Mega (Million), Giga (Milliarde) und Tera (Billion) steht. Die Energie der einzelnen Röntgenquanten, die aus dem Gerät ihres Radiologen kommen, beträgt bis zu 150 keV. Die höchsten in der kosmischen Strahlung gemessenen Teilchenenergien liegen bei etwa 10^{11} GeV. Die im LHC beschleunigten Protonen erreichen seit dem Frühjahr 2015 eine Energie von 6,5 TeV, also 6,5 Billionen eV, was einer Kollisionsenergie von 13 TeV entspricht. Da es nicht praktikabel ist, eine Spannungsquelle mit 6,5 Billionen Volt aufzustellen, bekommen Teilchen in modernen Großbeschleunigern ihre Energie nach und nach in vielen kleineren Einzelportionen. Auch wenn die Energiemenge, die von *einzelnen* Protonen am LHC getragen wird, für Alltagsverhältnisse (z. B. im Vergleich zu einer kWh) immer noch sehr klein ist, ist sie für Teilchenverhältnisse gewaltig – daher wird die Disziplin auch als Hochenergiephysik bezeichnet. Zudem muss man sich bewusst machen, dass der Strahl des LHC hunderte Billionen Protonen enthält!

A. Knochel, *Neustart des LHC: das Higgs-Teilchen und das Standardmodell*, essentials, DOI 10.1007/978-3-658-11627-9_2

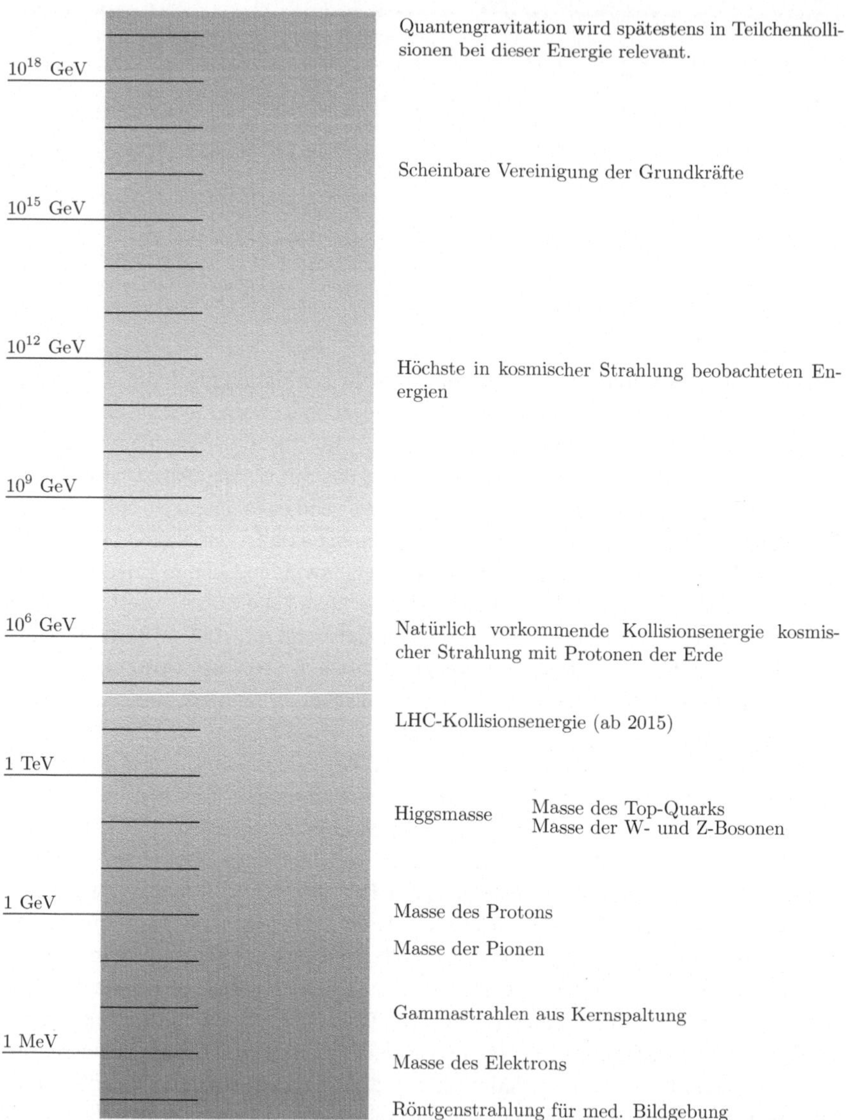

Abb. 1 Eine Übersicht über die in der Teilchenphysik relevanten Energieskalen

In Abb. 1 sind verschiedene für die Teilchenphysik relevante Energieskalen noch einmal graphisch dargestellt. Dabei sind die Massen von Teilchen wieder als Ruheenergie angegeben. Das Ende der energetischen Fahnenstange ist die

Planck-Energie bei $1{,}2 \times 10^{19}$ GeV, bei der spätestens die naive Vereinigung der allgemeinen Relativitätstheorie mit der Quantenfeldtheorie zusammenbricht und neue Ideen benötigt werden, wie die Quantentheorie der Gravitation funktionieren könnte. Die Planck-Energie liegt weit jenseits dessen, was man mit Hilfe von Beschleunigern im Labor erreichen kann.

Zerstört der LHC die Welt? Oben hatte ich erwähnt, dass kosmische Teilchen mit gewaltigen Energien von 10^{11} GeV beobachtet wurden. Das ist viel mehr als alles, was wir im Labor an Teilchenenergien erzeugen können. Hier hat ein einzelnes Teilchen so viel Bewegungsenergie wie ein schnell geworfener Ball. Würden zwei solcher kosmischer Teilchen durch Zufall frontal aufeinander treffen, hätten wir tatsächlich eine Streureaktion, in der 2×10^{11} GeV umgesetzt werden können. Das ist aber extrem selten. Stattdessen treffen diese Teilchen typischerweise auf ein in der Erde oder Erdatmosphäre ruhendes Teilchen, beispielsweise ein Proton. Aber wenn das passiert, wahrscheinlich nicht da, wo wir gerade unsere Instrumente aufgestellt haben. Ein solches ruhendes Proton steuert aber nur seine Ruheenergie von etwa 1 GeV bei. Die Energie, die bei einem solchen Zusammentreffen effektiv umgesetzt wird, die sogenannte *Schwerpunktsenergie*, ist viel geringer als 10^{11} GeV. Nicht umsonst gibt es die Redensart „Mit Kanonen auf Spatzen schießen“ für einen großen, aber wenig effektiven Energieaufwand – die Kanonenkugel würde fast ungehindert weiterfliegen und nur einen winzigen Anteil ihrer Energie daran verlieren, dem armen Vogel den Garaus zu machen. ähnlich ist es hier: trifft ein kosmisches Teilchen mit 10^{11} GeV auf ein ruhendes Proton, wird diese Energie fast gänzlich in die Bewegungsenergie der Streuprodukte gehen, und nur ein sehr kleiner Anteil davon wirklich zur Verfügung stehen, um z. B. neue schwere Teilchen zu produzieren. Wie viel genau? Wenn E_{bewegt} die Energie des Teilchens der kosmischen Strahlung, und E_{Ruhe} die Ruheenergie des auf der Erde still sitzenden Teilchens ist, dann ist die eigentliche Schwerpunktsenergie in solchen ungleichen Konstellationen durch den Zusammenhang

$$E_{Schwerpunkt} \approx \sqrt{2 \times E_{bewegt} \times E_{Ruhe}}$$

gegeben[1]. Dies ist in der hier betrachteten Situation mit stark ungleichen Energien sehr viel weniger als die Summe der beiden Energien $E_{bewegt} + E_{Ruhe}$. Ein ruhendes Proton hat eine Ruheenergie von $E_{Ruhe} = mc^2 \approx 1$ GeV, und die Formel ergibt

[1] Diese Formel ist auch für sogenannte *fixed target*-Experimente gültig, in denen ein Beschleunigerstrahl auf ein ruhendes Zielobjekt geleitet wird. Dazu finden Sie mehr im experimentellen Teil.

damit für die Kollision mit besonders energiereicher kosmischer Strahlung eine Schwerpunktsenergie von

$$E_{Schwerpunkt} \approx \sqrt{2 \times 1\,\text{GeV} \times 10^{11}\,\text{GeV}} \approx 450.000\,\text{GeV}$$

Das ist immer noch sehr viel, aber nur noch etwa 35 mal so viel wie die aktuelle Schwerpunktsenergie des LHC von 13.000 GeV. Dennoch ist es mehr als das, was wir im Labor erreichen. Was am LHC passiert, spielt sich also auch seit Milliarden von Jahren mit gleicher und höherer Energie in der Natur ab. Das ist eine wichtige Einsicht, um Sicherheitsbedenken gegen den LHC zu zerstreuen.

Da beispielsweise keines der großen Objekte im Sonnensystem inzwischen zu einem schwarzen Loch kollabiert ist, kann man davon ausgehen, dass diese Kollisionen mit kosmischer Strahlung, und damit auch die schwächeren Kollisionen im LHC, keine solchen Katastrophen bewirken. Der Teufel steckt hier aber im Detail, und man muss etwas genauer hinsehen.

Einen wichtigen Unterschied zwischen den Kollisionen mit kosmischer Strahlung und jenen im LHC gibt es nämlich: Würde man am LHC etwas potentiell gefährliches produzieren, beispielsweise ein (hypothetisches!) stabiles schwarzes Loch, wäre dieses neue Objekt aufgrund der symmetrischen Stoß-Situation aus Sicht der Erde in etwa in Ruhe und könnte so vielleicht sein Unwesen treiben. Entsteht es in Kollisionen mit kosmischer Strahlung, bekäme es, wie oben erklärt, sehr viel Bewegungsenergie mit und würde so unter Umständen die Erde verlassen, bevor etwas passieren kann. Damit wäre die Vergleichbarkeit mit der Situation am LHC nicht mehr gegeben. Allerdings würde jedes durch kosmische Strahlung erzeugte *elektrisch geladene* schwarze Loch, auch wenn es mit hoher Geschwindigkeit erzeugt wird, sofort abgebremst, womit die Prozesse der kosmischen Strahlung dann doch wieder als Vergleich zum LHC herhalten können. Man muss aber betonen, dass die Möglichkeit der Erzeugung solcher mikroskopischen schwarzen Löcher rein spekulativ ist. Selbst, wenn sie tatsächlich existieren sollten, sagt die Theorie aus, dass sie harmlos wären und sofort wieder zerfielen. Dieses und ähnliche Szenarien wurden ausführlich im Bericht der *LHC Safety Assessment Group* untersucht, der nebst weiteren Kommentaren unter http://press.web.cern.ch/backgrounders/safety-lhc zu finden ist. Um es nicht zu spannend zu machen: Der Bericht kommt zu dem Ergebnis, dass der LHC nicht imstande dazu ist, den Weltuntergang herbeizuführen.

Das Standardmodell der Teilchenphysik

Die Zähmung des Teilchenzoos

Nun aber zurück zu unserem Weg von der klassischen Physik über die QED zum Standardmodell. Zur Erinnerung: Die Quantenelektrodynamik liefert eine quantentheoretische Beschreibung der Phänomene des Elektromagnetismus – unter Berücksichtigung der speziellen Relativitätstheorie. Was die QED *nicht* leistet, ist eine Beschreibung der Physik des Atom*kerns*, seines Aufbaus und der Zerfälle, der Kernspaltung und der Kernfusion. Die Kernphysik existierte mehr oder weniger parallel zu den Entwicklungen der QED, und es war lange alles andere als klar, ob es eine fundamentale Theorie der Atomkerne geben würde, die ähnlich wie die QED als eine Quantenfeldtheorie formuliert werden kann. Die Quantenfeldtheorie war daher in den 1950er und 60er Jahren zeitweise ziemlich außer Mode, was sich aber mit den Entwicklungen, die wir jetzt nachvollziehen werden, grundlegend geändert hat.

Das Quarkmodell und die starke Wechselwirkung Im Laufe des 20. Jahrhunderts entdeckte man eine sehr große Anzahl unterschiedlicher Teilchensorten, kollektiv Hadronen genannt, welche die Teilchenphysik immer komplizierter aussehen ließen – der Name Teilchenzoo wurde geprägt. Es fehlte ein Organisationsprinzip, mit dem man diese bunte Vielfalt verstehen und auf grundlegende Prinzipien zurückführen konnte. Man fragte sich, ob diese vielen Teilchen womöglich einfach Verbindungen von nur wenigen verschiedenen Grundbausteinen waren. Auf ähnliche Weise hatte man ja zuvor schon erkannt, dass die vielen bekannten Sorten von Atomen (die chemischen Elemente) einfach alle Möglichkeiten darstellen, Atomkerne aus Protonen und Neutronen zusammenzubauen. So hatte man alle chemischen Elemente auf nur zwei Bausteine zurückgeführt! Vielleicht würde die gleiche vereinfachende Idee ja eine „Ebene tiefer" erneut funktionieren.

A. Knochel, *Neustart des LHC: das Higgs-Teilchen und das Standardmodell*, essentials, DOI 10.1007/978-3-658-11627-9_3

Dies gelang tatsächlich, und zwar mit dem *Quark-Modell* von Murray Gell-Mann und George Zweig, das alle beobachteten Hadronen als Zweier- oder Dreiergruppierungen von zunächst drei (Up-, Down-, Strange-Quark), dann vier (Charm 1974, Nobelpreis 1976 für Richter und Ting) und letztendlich fünf (Bottom 1977) verschiedenen sogenannten Quarks erklären konnte[1]. Was aber waren diese Quarks? Handelte es sich dabei um echte Teilchen? In der Anfangszeit war man skeptisch und vermutete, dass die Quarks keine Teilchen im eigentlichen Sinne seien, sondern lediglich ein mathematischer Trick zur Klassifikation der Hadronen. Der Teilchencharakter der Quarks wurde aber in Beschleunigerexperimenten am SLAC in Stanford bestätigt (Nobelpreis 1990 für Friedman, Kendall und Taylor). Man beobachtete nämlich, dass sich Protonen in Kollisionen wie ein Verbund aus einzelnen punkförmigen Konstituenten verhielten (Stichwort: *Bjorken scaling*). Damit waren die Quarks als die eigentlichen Elementarteilchen im Atomkern anerkannt. Das 1995 entdeckte sechste, Top genannte Quark lebt übrigens als einziges so kurz, dass es keine Verbindungen eingehen kann, bevor es zerfällt. Es ist das schwerste bisher (Sommer 2015) nachgewiesene Elementarteilchen. Die Hadronen aus denen wir selbst vor allem bestehen, und die den Großteil unserer Masse ausmachen, sind das Proton (bestehend aus zwei Up-Quarks und einem Down-Quark) und das Neutron (ein Up-Quark und zwei Down-Quarks). Ebenso wichtig für unsere Existenz sind die Pionen, die jeweils aus einem Quark und einen Anti-Quark bestehen, also zu den Mesonen gehören. Sie wiederum vermitteln nämlich im Atomkern die Kraft, welche die Protonen und Neutronen aneinander bindet. Nachdem Hideki Yukawa spinlose Teilchen als Überträger dieser Kraft theoretisch vorausgesagt hatte, wurden 1947 in England die ersten echten solchen Pi-Mesonen, $\pi^{\pm}$, entdeckt[2]. Yukawa erhielt dafür 1949 den Nobelpreis in Physik. Bald darauf wurde das neutrale Pion π^0 entdeckt. Dass diese Mesonen ihrerseits aus Quarks zusammengesetzt sind, war Yukawa freilich noch nicht bekannt – er war sich aber bewusst, dass seine Theorie vermutlich nur der Anfang weiterer Entwicklungen war, was er auch in seinem Nobelvortrag darlegte.

Die Gluonen und Farbladung Nach der Entdeckung der Quarks blieb aber die Frage offen, welche Kraft es denn nun ist, die diese selbst aneinander zu Hadronen

[1] Die Hadronen aus Zweierverbindungen eines Quarks und eines Anti-Quarks werden als *Mesonen* bezeichnet, jene aus Dreierverbindungen von Quarks als *Baryonen*.

[2] Das Myon wurde zunächst als Meson (oder Mesotron) bezeichnet, ist aber inzwischen als Lepton klassifiziert, da der Name „Meson" heute nur noch für aus zwei Quarks zusammengesetzte Teilchen verwendet wird. Für Verwirrung sorgte anfänglich, dass das Myon mit 106 MeV durch Zufall eine ähnliche Masse wie die Pionen (ca. 140 MeV) besitzt, wie sie von Yukawa vorhergesagt wurde.

bindet und somit die eigentliche Quelle der starken Kernkräfte darstellt. Hier gab es verschiedene Vorschläge, aber die sogenannte *Quantenchromodynamik* (QCD) stellte sich bisher als korrekt heraus. Sie hat gewisse Ähnlichkeiten mit einer komplizierteren Version der QED, in der es aber acht Sorten sogenannter *Gluonen* statt einem Photon gibt. Der Zusammenhalt der Quarks wird hier durch den Austausch virtueller Gluonen erklärt. Die Abstrahlung von Gluonen bei Teilchenkollisionen wurde erstmals 1978/1979 in Experimenten am DESY in Hamburg beobachtet und so deren Existenz als Teilchen ebenfalls bestätigt. Anders als bei der elektrischen Ladung der QED gibt es in der QCD nicht nur eine Art und Weise, wie Quarks geladen sein können, sondern drei, die man *rot*, *grün* und *blau* getauft hat. Jedes Quark kommt also eigentlich in drei sogenannten „Farbvarianten" vor. Diese Namensgebung hat nicht direkt etwas mit tatsächlichen Lichtfarben zu tun, sondern kam nur durch eine hübsche Analogie zustande: In Protonen und Neutronen bilden jeweils ein „blaues", ein „grünes" und ein „rotes" Quark gemeinsam eine bezüglich der starken Kernkraft neutrale, also „farbneutrale" Kombination, und das erinnerte ein wenig an die Mischung dieser drei Grundfarben zu weißem Licht. All diese farbenfrohen Metaphern inspirierten den Namen Quanten*chromo*dynamik für diese Theorie der starken Wechselwirkungen, von Griechisch $\chi\rho\omega'\mu\alpha$ für Farbe. Die Tatsache, dass die Wechselwirkung der Gluonen untereinander und mit den Quarks mit zunehmendem Abstand wächst, führt zu dem sogenannten *Confinement*: Teilchen mit Farbladungen kommen in der Natur nie isoliert vor, sondern immer nur in farbneutralen Bindungszuständen. Die Tatsache, dass die Gluonen im Gegensatz zu den Photonen mit sich selbst wechselwirken, führt dazu, dass die starke Wechselwirkung bei kurzen Abständen und hohen Energien schwächer wird ('t Hooft, Nobelpreis für Gross, Wilczek und Politzer 2004, wodurch sich die Vorgänge an Teilchenbeschleunigern überhaupt erst als Reaktionen einzelner Quarks und Gluonen verstehen und berechnen lassen. (Abb. 1) zeigt einige dieser Zusammenhänge beispielhaft an einem Heliumatom.

Leptonen und Neutrinos Parallel zu diesen Entwicklungen zum Aufbau und Zerfall der Atomkerne wurden aber nach und nach zwei weitere Gruppen von Elementarteilchen entdeckt, die nichts mit der starken Wechselwirkung am Hut hatten: die elektrisch geladenen Leptonen und ihre elektrisch neutralen Geschwister, die Neutrinos. Zumindest mit einem Lepton sollten Sie sich persönlich verbunden fühlen, nämlich dem negativ geladenen Elektron mit einer Masse von 511 keV. Zu ihm gesellten sich das Myon (1936, 106 MeV) und das Tauon (1975, 1,8 GeV, Nobelpreis 1995 für Perl), zwei Teilchen, die abgesehen von ihrer viel höheren Masse und endlichen Lebensdauer wie Kopien des Elektrons erscheinen. Vor allem die Entdeckung des Myons war völlig unerwartet und passte damals in kein bekanntes

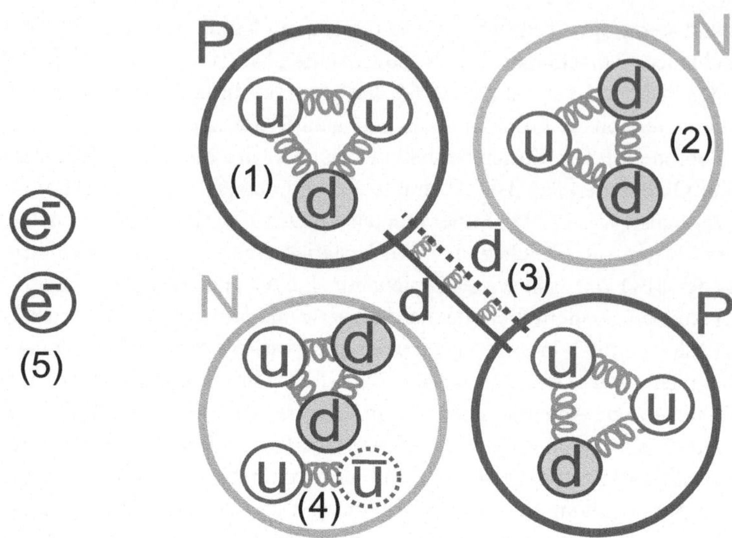

Abb. 1 Eine schematisch stark vereinfachte Darstellung eines Heliumatoms aus teilchenphysikalischer Sicht. Die Farbladungen sind hier nicht dargestellt. Der Kern besteht aus zwei positiv geladenen Protonen **P** und zwei elektrisch neutralen Neutronen **N**. 1) Protonen setzen sich aus zwei Up-Quarks und einem Down-Quark zusammen. Sie werden durch den Austausch von Gluonen gebunden. 2) Neutronen setzen sich aus einem Up-Quark und zwei Down-Quarks zusammen. 3) Die Kernbausteine, die sich im Fall der Protonen sogar elektrisch abstoßen, werden durch den Austausch von Mesonen in Form von Quark-Antiquark-Paaren aneinander gebunden. 4) Neben den drei eigentlichen Konstituenten tauchen ständig weitere Teilchen-Antiteilchen-Paare im Proton und Neutron auf. Hier spielen neben Up- oder Down-Quarks auch die anderen Teilchenarten eine Rolle (Stichwort: *See-Quarks*). 5) Die Atomhülle des Heliums wird von zwei negativ geladenen Elektronen gebildet, die den Kern in Form einer Welle umgeben und seine positive elektrische Ladung genau ausgleichen

Schema, worauf Nobelpreisträger I. Rabi gesagt haben soll „who ordered that?" („Wer hat das denn bestellt?"). Auf das Myon treffen Sie auch ständig ohne es zu merken, denn aus der atmosphärischen Höhenstrahlung prasselt ein unaufhörlicher Schauer von Myonen auf uns nieder, dem Sie nur entkommen, wenn Sie tief unter Tage gehen. Die Neutrinos, von denen es auch drei verschiedene gibt, sind ganz besondere Teilchen, da sie sehr leicht, aber vor allem stabil und elektrisch neutral sind. Das erlaubt ihnen, erstaunliche Distanzen in dichter Materie zurückzulegen und zum Beispiel problemlos die gesamte Erde zu durchqueren. Auch Sie werden in jeder Sekunde von unzähligen Neutrinos durchquert, ohne etwas davon zu merken. Nur ein verschwindend geringer Bruchteil bleibt hängen, und das macht die Detektion der Neutrinos in Experimenten zu einer besonderen Herausforderung. Man bemerkte ihre Existenz daher zunächst nur indirekt, da in Kernzerfällen

Energie zu fehlen schien. Dies veranlasste Wolfgang Pauli dazu, die Existenz einer neuen elektrisch neutralen Teilchenart zu vermuten, welche die fehlende Energie ungesehen wegträgt. Er hatte damit recht, aber erst später gelang der direkte Nachweis dieser Teilchen (Entdeckung 1956, Nobelpreis 1995 für Reines, Cowan war leider verstorben). Man braucht dazu vor allem viel Detektormaterial (z. B. ein großes Wasserbecken, wie im Detektor SuperKamiokande im japanischen Kamioka), um die Chance zu erhöhen, ab und an eines einzufangen. Der zur Zeit größte Neutrinodetektor der Welt, IceCube, nutzt das Eis der Antarktis, in das etwa einen Kilometer lange mit Photodetektoren bestückte Seile eingeschmolzen wurden, als gigantischen natürlichen „Neutrinofänger". An den Detektoren des LHC hingegen bleiben die in Kollisionen erzeugten Neutrinos leider gänzlich unsichtbar und können nur indirekt durch fehlende Energie bemerkt werden.

Mit der Entdeckung einer zweiten Neutrinoart wurde deutlich, dass Neutrinos und Leptonen gepaart auftreten (Nobelpreis für Lederman, Schwartz und Steinberger 1988). Das letzte, dem τ -Lepton zugeordnete Neutrino wurde erst im Jahr 2000 entdeckt.

Die schwache Wechselwirkung Wie eben schon erwähnt, stellte man fest, dass manche Atomkerne sich durch sogenannte β-Zerfälle in andere Kerne umwandelten und dabei Elektronen und (Anti-)Neutrinos abstrahlen. Man verstand dies zunächst als Umwandlung eines Neutrons in ein Proton innerhalb des Kerns. Auf der Ebene der Quarks entspricht dies der Umwandlung eines Down-Quarks in ein Up-Quark. Zur mathematischen Beschreibung dieses Vorgangs wurde zunächst von Enrico Fermi ein Modell herangezogen, in welchem die Elektronen und Neutrinos direkt mit den Neutronen und Protonen wechselwirkten. Bald gesellte sich noch eine weitere Wechselwirkung hinzu, der sogenannte neutrale Strom, der erstmals 1973 am CERN im Blasenkammer-Detektor Gargamelle beobachtet wurde. Dank der epochalen Arbeiten von Glashow, Weinberg und Salam zur elektroschwachen Wechselwirkung, die einen Teil des Standardmodells ausmachen, waren all diese Effekte wieder als Austausch von Teilchen, der sogenannten *W- und Z-Bosonen*, verstanden und im Falle des neutralen Stroms sogar vor der experimentellen Entdeckung vorhergesagt worden. Diese Austauschteilchen wurden 1983 am $Sp\bar{p}S$ -Beschleuniger des CERN entdeckt (Nobelpreis für Rubbia und van der Meer 1984), aber zu diesem Zeitpunkt hatten die Theoretiker ihren Nobelpreis schon in der Tasche! Im Unterschied zu den bisher bekannten, kraftübermittelnden Elementarteilchen (Photon, Gluonen) waren das W und Z aber nicht masselos, sondern sind mit 80,4 GeV und 91 GeV sogar nach wie vor (Sommer 2015) auf Platz 3 und 4 der schwersten bisher bekannten Elementarteilchen. Um diese Masse zu erklären, benötigt die Theorie das Higgs-Feld.

Ein elementares Familienportrait

Wir haben jetzt tatsächlich alle bisher (Sommer 2015) bekannten Elementarteilchen besprochen – bis auf das Higgs-Teilchen, dem ein eigenes Kapitel gewidmet wird. Nach diesen detaillierten Ausführungen wollen wir sie noch einmal auf einen Blick zusammenfassen und werden dabei feststellen, dass sich bei der Zusammenschau allerlei Regelmäßigkeiten ergeben!

Elementary, my dear Watson? Unter einem Elementarteilchen versteht man ein Teilchen, das nicht aus weiteren Bausteinen zusammengesetzt ist. Um wissenschaftlich korrekt zu sein und zukünftige Peinlichkeiten zu vermeiden, will ich an dieser Stelle betonen, dass die Bezeichnung als „Elementarteilchen" zwingend immer vorläufig sein muss und nicht immer ganz scharf abgegrenzt werden kann. Es könnte sein, dass zukünftige Experimente feststellen, dass beispielsweise Quarks, Leptonen oder Neutrinos wiederum aus weiteren, von Theoretikern *Preonen* getauften Bestandteilen aufgebaut sind. Dafür gibt es zur Zeit zwar keine wirklich handfesten Hinweise, und auf theoretischer Seite ist es *sehr* schwierig, funktionierende Modelle dafür zu konstruieren – kategorisch ausschließen darf man es aber nicht. Im Falle einer solchen Entdeckung würden manche der jetzigen Elementarteilchen ihren elementaren Status verlieren und an ihre neu entdeckten Konstituenten weitergeben. Das Standardmodell müsste dann grundlegend überarbeitet werden.

Eigentlich sind die Dinge aber aufgrund der starken Wechselwirkung der QCD etwas subtiler. Im Falle der Photonen und der W- und Z-Bosonen wissen wir beispielsweise heute schon, dass sie kleine Beimischungen von Quark-Antiquark-Paaren, also Mesonen, beinhalten – dies ergibt sich im Standardmodell automatisch so. Dennoch werden wir sie pragmatisch als Elementarteilchen bezeichnen, was berechtigt ist, da es sich vermutlich nur um kleine Effekte handelt. Auch die Fermionen wie das Top-Quark könnten Beimischungen von noch unbekannten, zusammengesetzten Teilchen besitzen.

Bemerkenswert ist noch, dass die Elementarteilchen in der Feldtheorie abgesehen von der Quantenunschärfe ihres Ortes als Objekte *ohne jegliche räumliche Ausdehnung, also als Punktteilchen* behandelt werden. Dies ändert sich zum Beispiel in der Stringtheorie.

- Ist das 2012 entdeckte Higgs-Teilchen auf den uns zugänglichen Skalen ein Elementarteilchen? Die einfachste Variante der Theorie legt dies nahe – es könnte aber auch aus anderen Teilchen zusammengesetzt sein. Ist es eine Mischung aus einem „elementaren" Higgs und anderen Bindungszuständen? Dies ist eine spannende aktuelle Fragestellung und Gegenstand von laufenden Untersuchungen am LHC. Ich gehe im zweiten Teil „Neue Physik" genauer darauf ein.

Der Spin Viele Teilchen tragen einen ihnen innewohnenden Drehimpuls (umgangssprachlich Drall), Spin genannt. Er ist mit dem aus der klassischen Physik bekannten Drehimpuls eines rotierenden Körpers eng verwandt, kommt aber im Fall von Elementarteilchen *nicht aus der tatsächlichen räumlichen Rotation von irgendetwas*. In der Quantentheorie kann jeglicher Drehimpuls nur in halbzahligen Vielfachen des Planck'schen Wirkungsquantums $\hbar$ vorkommen, also $s = 0, \frac{1}{2}\hbar, \hbar, \frac{3}{2}\hbar, 2\hbar$ und so weiter. Der Einfachheit halber wird der Spin meist als $s = 0, \frac{1}{2}, 1, \ldots$ angeben, wobei Vielfache von $\hbar$ gemeint sind. Von räumlichen Drehungen stammender Drehimpuls kann sogar nur in ganzzahligen Vielfachen auftreten, also $s = 0, 1, 2, \ldots$ und so weiter. Da $\hbar$ aus Alltagssicht ein verschwindend kleiner Drehimpuls ist, fällt Ihnen diese Quantelung aber nicht auf, wenn Sie ein makroskopisches Objekt drehen. Es gibt aber doch spezielle Situationen im Alltag, wo sich diese winzigen diskreten Abstufungen bemerkbar machen. Wenn Sie sich im Kino einen Film in 3D anschauen, trennen 3D-Brillen aktueller Bauart links- und rechts zirkular polarisierte Photonen zwischen den beiden Augen auf. Diese unterscheiden sich gerade darin, wie ihr Spin von $1\hbar$ ausgerichtet ist – einmal zu Ihnen zeigend, und einmal von Ihnen weg. Das reicht den beiden Polarisationsfiltern in den Brillengläsern als Unterscheidungsmerkmal.

Fermionen, Bosonen Zudem kann man alle bekannten Teilchen (und ihre Felder) in zwei Gruppen einsortieren, Fermionen und Bosonen. Fermionen haben eine besondere Eigenschaft: Sie gehorchen dem sogenannten Pauli-Ausschlussprinzip (Nobelpreis für Pauli 1945), welches besagt, dass nie zwei Fermionen gleichen Typs im gleichen physikalischen Zustand sein können (z. B. am selben Ort mit demselben Spin). Dieser Effekt spielt eine zentrale Rolle in der Atomhülle, da Elektronen sich hier aufgrund des Pauli-Prinzips gegenseitig verdrängen. Ohne diesen Effekt sähe die Chemie radikal anders aus! Bosonen unterliegen nicht dieser Beschränkung (Stichwort: *Bose-Einstein-Kondensat*). Auch die Eigenschaften der Atomkerne werden davon bestimmt, dass Protonen und Neutronen Fermionen sind. Oft werden Fermionen als „Materieteilchen" und Bosonen als „Austauschteilchen" bezeichnet.

Bosonen machen keine halben Sachen Ein tiefgründiger Zusammenhang in der Quantenfeldtheorie, das Spin-Statistik-Theorem, besagt, dass Teilchen mit *halbzahligem* Spin *Fermionen* sein müssen und damit dem Pauli-Ausschlussprinzip unterliegen, während solche mit *ganzzahligem* Spin *Bosonen* sind. Die Fermionen des Standardmodells besitzen alle Spin $s = \frac{1}{2}$. Das sind die Quarks, die elektrisch geladenen Leptonen und die elektrisch neutralen Neutrinos. Die bis 2012 bekannten bosonischen Elementarteilchen trugen alle Spin $s = 1$:das Photon, die W- und Z-Bosonen und die Gluonen. Das 2012 entdeckte Boson ist inzwischen experimentell mit guter Sicherheit zu $s = 0$ bestimmt und trägt somit keinen Spin, was den erwarteten Eigenschaften des Higgs entspricht. Da Teilchen und Felder ohne Spin keine Polarisation besitzen, die eine bestimmte Richtung im Raum auszeichnen kann, nennt man sie auch skalare Teilchen bzw. Skalarfelder.

Generationen Im Zuge der Entdeckung der verschiedenen Quarks, Leptonen und Neutrinos zeichnete sich ab, dass es immer drei Stück von jeder Sorte gibt, die sich eigentlich nur in ihrer Masse unterscheiden. Up-, Charm-, und Top-Quarks tragen alle die elektrische Ladung 2/3, Down-, Strange- und Bottom-Quarks alle die elektrische Ladung −1/3, das Elektron, Myon und Tauon tragen alle die elektrische Ladung −1 während die drei Neutrinos elektrisch neutral sind. Man führte daher das Konzept der drei Generationen (auch: Familien) ein, von denen jede jeweils zwei Quarks, ein Lepton und ein Neutrino beinhaltet. Da Atome eigentlich nur aus Teilchen der ersten Generation bestehen (da die Teilchen der zweiten und dritten Generation aufgrund ihrer hohen Masse fast alle zu schnell zerfallen), kann man sich fragen, was sich die Natur bei dieser Verdreifachung des Inventars gedacht hat. Es könnte etwas mit dem Ungleichgewicht zwischen Materie und Antimaterie im frühen Universum zu tun haben (Stichwort: CP-Verletzung, Sacharow-Bedingungen, Baryogenese, Nobelpreis 2008 für Kobayashi und Maskawa), und manche theoretischen Modelle machen Vorschläge, woher die drei Generationen stammen (z. B. stringtheoretische Modelle). Es könnte auch dadurch zu erklären sein, dass die Teilchen keine Elementarteilchen sind, sondern wiederum aus den bereits erwähnten Preonen zusammengesetzt sind. Dies ist aber bisher Spekulation, und die Frage bleibt daher offen. Womöglich gibt es keine in absehbarer Zeit überprüfbare Erklärung für die drei Generationen, und wir müssen sie bis auf weiteres als Laune der Natur hinnehmen.

Isospin Innerhalb jeder Generation tauchen die Teilchen in Paaren auf, die sich um eine Einheit der elektrischen Ladung unterscheiden: Up-Quark und Down-Quark (2/3,−1/3) und Neutrino und Lepton (0,−1). Diese Paarung ist Zeichen einer zugrundeliegenden Symmetrie, die Isospin genannt wird. Physikalisch besonders wichtig ist, dass durch den Isospin zusammenhängende Paare jeweils gemeinsam mit einem W-Boson wechselwirken können und so beispielsweise durch Austausch

Tab. 1 Die Bosonen des Standardmodells. Mit der Ausnahme des Paars der $W^{\pm}$, die sich zueinander wie Antiteilchen verhalten, sind die Bosonen als ihre eigenen Antiteilchen zu sehen

Name	Masse	Spin/$\hbar$	Elektr. Ladung	Sonstige Bemerkungen
Gluon (G)	0(theor.)	1	0	Eigentlich 8 verschiedene „Farb"-Zustände mit jeweils zwei möglichen Polarisationen
Z	91 GeV	1	0	Drei mögliche Polarisationen
W	80.4 GeV	1	±1	Drei mögliche Polarisationen
Photon (γ)	0 (theor.)	1	0	Zwei mögliche Polarisationen
Higgs (H)	125…126 GeV	0	0	Ohne Spin, also keine Polarisation

eines W-Bosons ineinander umgewandelt werden (Stichwort: β-Zerfall). Aufgrund der hohen Masse des W-Bosons können diese in β-Zerfällen nur als virtuelle Teilchen auftauchen, was solche Zerfälle seltener macht. Man spricht von einer Unterdrückung des Zerfalls durch die Masse des Austauschteilchens.

Zusammenfassung Der Teilcheninhalt ist noch einmal in den Tabellen 1 und 2 für die Fermionen und Bosonen zusammengefasst. In der ersten Spalte von Tab. 2 sind jeweils die Bosonen angegeben, mit denen die Fermionen der jeweiligen Zeile gemäß des Standardmodells wechselwirken. G steht dabei für Gluon, Z für Z-Boson und γ für das Photon. Die $W^{\pm}$-Bosonen wandeln jeweils Up- und Down-Quarks bzw. Leptonen und Neutrinos ineinander um und stehen daher zwischen

Tab. 2 Die Fermionen des Standardmodells (alle mit Spin $s = 1/2$), ihre Massen und Wechselwirkungen. Antiteilchen sind nicht gezeigt und kommen jeweils noch hinzu. Nur im Fall der Neutrinos ist weder geklärt, ob sie ihre eigenen Antiteilchen sind oder nicht, noch sind ihre genauen Massen bekannt

Typ \ Gen.		I	II	III	Elektr. Ladung
Up-Quarks G,Z,γ,H	$W^{\pm}$	Up (u) ≈ 3 MeV	Charm (c) 1.3 GeV	Top (t) ≈ 173 GeV	$^2/_3$
Down-Quarks G,Z,γ,H		Down (d) ≈ 5 MeV	Strange (s) 95 MeV	Bottom (b) 4,2 GeV	$-^1/_3$
Neutrinos Z, $(H?)$	$W^{\pm}$	E.-Neutrino $m = ?$	M.-Neutrino $m = ?$	T.-Neutrino $m = ?$	0
Leptonen Z,γ,H		Elektron (e) 511 keV	Myon (µ) 106 MeV	Tauon (τ) 1,8 GeV	−1

den Zeilen. Da der Ursprung der Neutrinomassen und ihr genauer Wert noch nicht abschließend geklärt sind, stehen hier nur ein (?) (Stichwort: *Dirac-/Majorana-Neutrinos*). Insbesondere die Wechselwirkungen der Fermionen mit dem Higgs sind noch nicht alle experimentell bestätigt, aber hier von mir trotzdem als Vorhersage des Standardmodells eingeschlossen. Falls Sie selbst Massen von Teilchen nachschlagen und andere Werte finden sollten, wundern Sie sich nicht: Neben der herkömmlichen Definition der Masse eines Teilchens über die Ruheenergie verwendet man gerade bei kurzlebigen oder stets gebundenen Teilchen wie den Quarks oft andere, gleichwertige Massendefinitionen, die sich numerisch erheblich unterscheiden können – die angegebenen Zahlenwerte können also nur zur groben Orientierung dienen. Diese unterschiedlichen Massendefinitionen hängen beispielsweise davon ab, nach welcher genauen Vorschrift man die Unendlichkeiten der Theorie eliminiert. Außerdem sind all diese Werte mit Messfehlern und Theoriefehlern behaftet, die ich hier nicht angebe, und ändern sich durch neue Messungen etwas. Für einen differenzierten Überblick über den aktuellen Stand der Dinge ist die Website der *Particle Data Group*http://pdg.lbl.gov/ die kanonische Quelle.

Masse, die Rolle der Symmetrien, und das Higgs-Feld

Wozu benötigt die Theorie der elektroschwachen Wechselwirkungen (also die Theorie der Wechselwirkungen des Photons *und* der *W*- und *Z*-Bosonen mit Materie) überhaupt das Higgs-Feld und das Higgs-Teilchen? Im Abschnitt über die sogenannte Renormierung von Quantenfeldtheorien hatte ich bereits erwähnt, dass die Theorie das Higgs-Teilchen benötigt, um jene Unendlichkeiten in den Ergebnissen der Theorie in Schach zu halten, die auftreten, wenn man den Elementarteilchen Massen geben will. Doch wie bewerkstelligt der theoretische Mechanismus von Peter Higgs und Kollegen dies?

Die kurze Variante der Geschichte ist, dass das Higgs-Feld überall im leeren Raum einen bestimmten konstanten Wert hat, wodurch es den damit wechselwirkenden Elementarteilchen ihre Masse verleiht. Das Higgs-Teilchen ist eine Anregung eben dieses Higgs-Feldes. In dieser Sichtweise ist die Entdeckung des Teilchens vor allem wichtig, da sie uns auf die Existenz des dazugehörigen Higgs-Feldes, und damit auf den Ursprung der Teilchenmassen schließen lässt. Je mehr Masse eine Sorte Elementarteilchen in der Theorie vom Higgs-Feld bekommen soll, umso stärker muss deren Wechselwirkung mit dem Higgs-Feld sein, und damit auch die Wechselwirkung mit dem Higgs-Teilchen. Dieser näherungsweise Zusammenhang zwischen Stärke der Wechselwirkung und Masse wurde bisher am LHC (und indirekt auch an seinen Vorgängern) innerhalb der Messgenauigkeit bestätigt (Abb. 2).

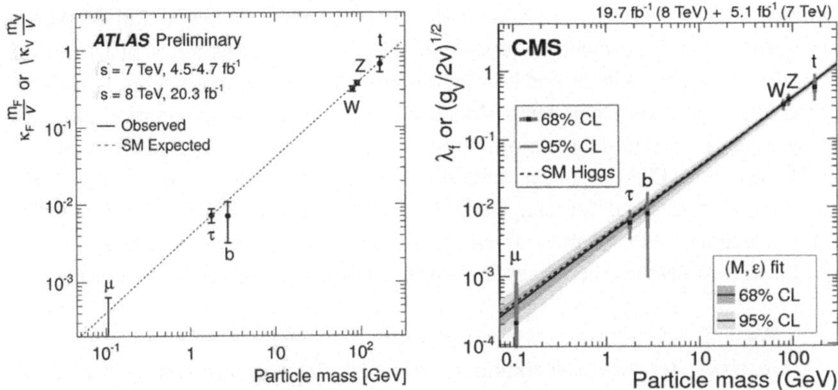

Abb. 2 Die vorhergesagte Proportionalität zwischen der Masse und der Wechselwirkungsstärke von Teilchen mit dem Higgs-Teilchen wurde bisher von den Experimenten ATLAS und CMS am LHC innerhalb der Messgenauigkeit bestätigt. (CERN, http://www.atlas.ch/photos/copyright.html)

Ich kenne keine perfekte umgangssprachlich-anschauliche Erklärung des Higgs-Effekts, aber man kann sich dem Phänomen mit Hilfe verschiedener Bilder nähern. Wenn Sie beispielsweise in einem Schwimmbecken vorwärts laufen wollen, müssen Sie einiges an Wasser vor sich her schieben um sich in Bewegung zu setzen, und gewinnen so durch das mitbewegte Wasser an träger Masse. Das Wasser steht hier für das Higgs-Feld (im umgangssprachlichen Sinn). Ein Teilchen, das stark mit dem Higgs-Feld wechselwirkt, entspräche einem Badegast, der besonders viel Fläche im Wasser hat und so besonders viel Trägheit erhält. Diese Person macht auch besonders viele Wellen, was einer starken Wechselwirkung mit dem Higgs-Teilchen entspräche. Solche einfachen Bilder hapern aber immer an vielen Stellen, und man darf sie nicht zu ernst nehmen: das Wasser produziert beispielsweise Reibung und stiehlt Ihnen beim Schwimmen Bewegungsenergie – bremst Sie zunehmend ab – während das Higgs-Feld keine Reibung, sondern nur Trägheit verursacht. Alltagsanalogien für Teilchenvorgänge sind meist *zu kompliziert* – Elementarteilchen sind einfache Geschöpfe.

Die Masse der herkömmlichen atomaren Materie, aus der Sie, ich und alle Gegenstände um uns herum bestehen, kommt dabei aber nur zu einem kleinen Teil vom Higgs-Feld. Nur grob 1 % ihrer (und damit auch *Ihrer*) Masse entspringt den Massen der Quarks und Elektronen. Der Löwenanteil kommt aus der *Bindungsenergie*, mit der die Gluonen die Quarks in den Protonen und Neutronen zusammenhalten. Die Einstein'sche Äquivalenz von Energie und Masse kommt hier also besonders eindrucksvoll zum Zug: die Masse der Materie in uns und um uns herum ist wirklich gefangene Energie.

Obwohl also die Massen der Elementarteilchen nur einen kleineren Teil der Masse in unserem Alltag ausmachen, muss eine Theorie, die etwas auf sich hält, diese natürlich dennoch erklären und korrekt beschreiben. Wieso aber benötigt das Standardmodell überhaupt den Higgs-Mechanismus, um den Elementarteilchen ihre Massen zu geben und dabei renormierbar zu bleiben? In der Vorgängertheorie, der QED, besitzt das Elektron ja ebenfalls eine Masse, und für diese mussten damals Feynman, Schwinger und Tomonaga kein Higgs-Feld bemühen. Man konnte sie ohne weitere technische Probleme einfach in die Theorie hineinschreiben, ohne dass die erwähnten problematischen Unendlichkeiten in den Ergebnissen auftauchen.

▶ Was hat sich auf dem Weg von der QED zur vollen Theorie der elektroschwachen Wechselwirkungen verändert, das uns verbietet, einfach Massen für die Elementarteilchen zu postulieren? Folgendes: Für eine gemeinsame konsistente *renormierbare* Theorie der Wechselwirkungen des Photons *und* des *Z*-Bosons und der *W*-Bosonen muss man eine bestimmte mathematische Symmetrie zugrunde legen, welche die erlaubten Wechselwirkungen zwischen Feldern in der Theorie regelt (Stichwörter: *schwacher Isospin* und *Hyperladung, Eichtheorien, Eichgruppen,* $SU(2) \times U(1)$). Ohne diese ordnende Symmetrie ist die Theorie mathematisch inkonsistent. Diese Symmetrie verbietet aber den meisten von ihr betroffenen Feldern, eine Masse zu besitzen.

Die mathematischen Symmetrien, die der QED zugrunde liegen, sind im Vergleich weniger restriktiv, weil hier nur die vergleichsweise einfacheren Wechselwirkungen des Photons geregelt werden müssen. Sie verbieten dem Elektron daher nicht, eine Masse zu besitzen, und daher benötigte die QED kein Higgs. Zudem ist das Photon im Gegensatz zu den W- und Z-Bosonen offenbar masselos.

Dies war zunächst ein schwerwiegendes Problem für Theorien mit solchen erweiterten Symmetrien, *Yang-Mills-Theorien* genannt. Wie konnte man den Teilchen in der Theorie Masse verleihen, ohne die für die theoretische Konsistenz so wichtige Symmetrie zu zerstören? Die zündende Idee, mit der man diesen scheinbar unüberwindlichen Widerspruch umgehen kann, nennt sich *spontane Symmetriebrechung.*

▶ Die Idee hinter der spontanen Symmetriebrechung: Die zugrundeliegenden Naturgesetze behalten ihre ordnenden Symmetrien. Der Grundzustand, in dem sich das Universum nach dem Urknall einfindet, beherzigt manche dieser Symmetrien aber nicht. Auf diesem Weg entstehen in der Theorie die Massen der Teilchen, ohne dass problematische Unendlichkeiten in den Ergebnissen auftauchen.

Das mit dem Grundzustand des Universums klingt vielleicht etwas abstrakt, lässt sich aber ausnahmsweise relativ akkurat und schön veranschaulichen. Stellen Sie sich einen Roulette-Tisch vor. Der Roulettekessel ist (von der für dieses Beispiel unwichtigen Nummerierung abgesehen) völlig symmetrisch konstruiert - bei einem ungezinkten Tisch ist keines der Felder gegenüber den anderen ausgezeichnet. Wirft man nun die Kugel mit Schwung hinein und wartet bis das System Energie verloren hat und die Kugel zum Liegen kommt (die Zeit unmittelbar nach dem Urknall), ist eines der Felder gegenüber allen anderen ausgezeichnet, nämlich jenes mit der Kugel. Die Drehsymmetrie des Tellers wurde spontan gebrochen, da sich das System Teller-Kugel in einem Zustand eingefunden hat, der diese Symmetrie nicht beherzigt, auch wenn die Konstruktion des Tellers selbst perfekt drehsymmetrisch ist. In dieser Analogie ist die Position der Kugel der Wert des Higgs-Feldes, das sich ausbildet, wenn das Universum abkühlt. So wird die Symmetrie nur indirekt verletzt, die theoretische Konsistenz bleibt erhalten, aber es kann trotzdem Elementarteilchen mit Massen geben. Der Theorievorschlag von Higgs und Kollegen stellt eine besonders einfache Konstruktion dar, wie man – theoretisch – das Universum dazu bewegen kann, sich in einem solchen unsymmetrischen Zustand einzufinden.

Bei den Symmetrien der elektroschwachen Theorie handelt es sich, anders als beim Roulette, nicht um anschauliche Drehungen im Raum, sondern um eine mathematisch sehr ähnliche Konstruktion, die aber Drehungen einer abstrakteren Art behandelt. So, wie bei herkömmlichen Drehungen verschiedene Raumrichtungen ineinander überführt werden (was vorher links war, ist jetzt oben, was oben war, ist rechts, und so weiter), werden bei diesen abstrakten Drehungen statt Raumrichtungen verschiedene Teilchenarten ineinander verdreht. Der oben erwähnte Isospin ist eine dieser Symmetrien der elektroschwachen Theorie, und er verdreht das Up-Quark und Down-Quark ineinander, sowie Leptonen und Neutrinos. Bevor sich der Wert des Higgsfeldes ausprägt, sind diese Felder völlig gleichberechtigt – erst im Zuge der spontanen Symmetriebrechung wird entschieden, welches Feld beispielsweise welche elektrische Ladung zugewiesen bekommt[3].

Die graphische Darstellung der tatsächlichen mathematischen Situation im Higgs-Mechanismus sieht dem Beispiel mit dem Roulettetisch erstaunlich ähnlich.

[3] Hier stelle ich die Gegebenheiten etwas vereinfacht dar: Fermionen wie die Leptonen, Neutrinos und Quarks haben jeweils zwei mögliche Zustände, die links- und rechtshändig genannt werden und mit den beiden Möglichkeiten zusammenhängen, wie der Spin ausgerichtet sein kann. Diese links- und rechtshändigen Zustände sind von den abstrakten Symmetrien der elektroschwachen Theorie unterschiedlich betroffen. Dies hat wichtige physikalische Konsequenzen, da es für die oben erwähnte Massen-Problematik der Fermionen ausschlaggebend ist, aber auch die räumliche Spiegelsymmetrie der Naturgesetze verletzt (Nobelpreis für die Theoretiker Yang und Lee 1957, sträflicher Weise *kein* Nobelpreis für die eigentliche Entdeckerin Chien-Shiung Wu).

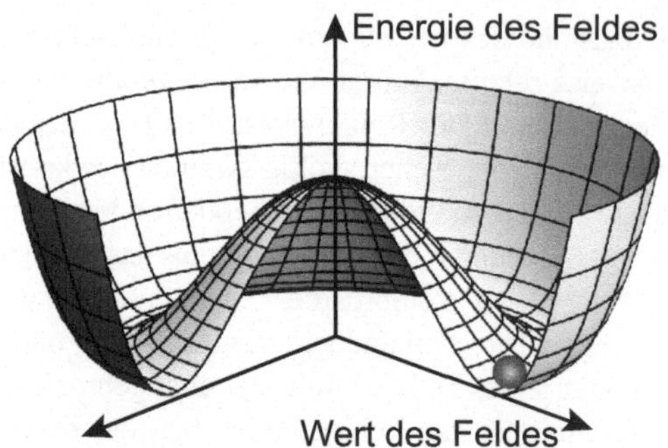

Abb. 3 Eine Schnittdarstellung der Energie des Higgs-Feldes in Abhängigkeit von seinem Wert entlang zweier seiner Komponenten. Von der Mitte weg nach außen hin nimmt der Betrag des Feldes zu, nach oben ist die Energie aufgetragen. Ein möglicher Erwartungswert im Energieminimum ist als Kugel eingezeichnet – ganz ähnlich der Kugel im Roulettekessel.

Es handelt sich um das sogenannte *Mexican-Hat-Potential* (Abb. 3). Dargestellt ist die Energie des Feldes in Abhängigkeit von seinem Wert[4]. Die Theorie ist dabei gerade absichtlich so konstruiert, dass die Zustände niedrigster Energie, in denen sich das Universum nach dem Urknall einfindet (nachdem es ausreichend abgekühlt ist) einen von Null verschiedenen Higgs-Feldwert aufweisen. Somit wird die abstrakte Drehsymmetrie gebrochen. Ganz analog ist auch beim Roulettekessel in der Rinne am Rand der tiefste Punkt – nicht in der Mitte bei der Achse. Nur so wird die Symmetrie des Tellers durch die Kugel gebrochen und eine Gewinnentscheidung bei einer bestimmten Zahl herbeigeführt. Wäre beim Roulette der tiefste Punkt in der Mitte bei der Achse, würde die Kugel am Ende dort in der Mitte landen, die Symmetrie wäre unverletzt und keine Gewinnentscheidung wäre getroffen. Im Gegensatz zum Roulette, bei dem die Felder unterschiedlich nummeriert sind, sind beim Higgs alle Punkte im Energieminimum physikalisch völlig äquivalent, sodass es keinen Unterschied für die beobachtbare Physik macht, wo genau wir nach dem Urknall gelandet sind. Wichtig ist nur, dass wir nicht in der Mitte geblieben sind, wo das Higgs-Feld und damit alle Elementarteilchenmassen außer dem Higgs-Teilchen selbst zunächst den Wert Null hätten.

Bereits vor den Arbeiten von Higgs und Kollegen um 1964 war das Prinzip der spontanen Symmetriebrechung bekannt und auch im Rahmen der Teilchenphysik

[4] Das Higgs-Feld des Standardmodells hat eigentlich *vier* unabhängige „Richtungen“, von denen hier aus Gründen der Darstellung nur zwei gezeigt werden können, was zudem die Ähnlichkeit zu einem Roulettekessel deutlicher macht.

zur Anwendung gekommen, zum Beispiel in den Arbeiten von Nambu und Goldstone (Nobelpreis für Nambu 2008). Der Unterschied zwischen den Arbeiten von Nambu und Higgs bestand darin, dass die neuen Arbeiten Modelle betrachteten, in denen es Bosonen mit s = 1 wie das Photon gab, die mit der Symmetrie in Verbindung standen. Hier wurde gesehen, dass ihnen durch die spontane Symmetriebrechung Masse verliehen wird, und es wurde beobachtet, dass der Mechanismus mit einem zusätzlichen massebehafteten Boson mit s = 0, dem Higgs-Boson, einhergeht. Natürlich wollte man in der Theorie nicht dem Photon selbst eine Masse geben, denn dieses hat unseres Wissens in der Natur auch keine. Die Idee lässt sich aber verallgemeinern, und so stellten Salam und Weinberg fest, dass dies genau der Mechanismus war, der benötigt wurde, um in der elektroschwachen Theorie dem *Z*-Boson und den *W*-Bosonen ihre beobachteten Massen von 91 und 80,4 GeV zu geben. Als erfreulicher Zusatzeffekt kann dasselbe Higgs-Feld auch den Quarks, Leptonen und Neutrinos ihre Massen verpassen. Diese doppelte Wirkung machte die Konstruktion besonders effizient und plausibel. Ich will zum Schluss noch einmal die Logik dieses Abschnitts zusammenfassen:

- Man kann als Theoriekonstrukteur den Elementarteilchen in der Theorie der elektroschwachen Wechselwirkungen nicht einfach ihre Massen verpassen, da dies durch die mathematisch notwendigen Symmetrien verboten ist. Man führt zur Abhilfe das Higgs-Feld ein und wählt die Parameter der Theorie so, dass der Zustand niedrigster Energie des Higgs-Feldes einer ist, in dem es überall im sonst leeren Raum einen von Null verschiedenen Wert erhält. Dieser Vakuumwert beherzigt die Symmetrie *nicht* und die Theorie nutzt diese Verletzung aus, um die eigentlich verbotenen Teilchenmassen zu erzeugen. Je mehr Masse ein Teilchen vom Higgs-Feld bekommt, desto stärker wechselwirkt es auch mit dem Higgs-Teilchen.

Wie man Teilchen erzeugt und untersucht

Hier stelle ich einige konzeptionellen Grundlagen vor. Für einen Blick auf die spannenden Methoden, mit denen die Teilchenerzeugung und -detektion im LHC und seinen Experimenten konkret realisiert wird, möchte ich hier auf die beiden Essentials „Neustart des LHC: CERN und die Beschleuniger" und „Neustart des LHC: die Experimente und das Higgs" verweisen.

Teilchenerzeugung und Zerfälle am Beispiel des Higgs-Teilchens

Ein Diktum der Quantentheorie lautet: alle Vorgänge, die nicht verboten sind, geschehen irgendwann (mitunter mit sehr kleiner Wahrscheinlichkeit). Wie ist das zu verstehen? Konzentriert man beispielsweise durch eine Teilchenkollision eine große Energiemenge auf kleinem Raum, regt diese Energie alle Felder an, die mit der kollidierten Teilchenart in Wechselwirkung stehen. Dabei muss diese Wechselwirkung nicht direkt sein. So kann zum Beispiel das Higgs-Teilchen in zwei Photonen zerfallen (siehe Abb. 1), obwohl Photonen selbst nicht direkt an das Higgs-Feld gekoppelt sind, weil sie keine Masse haben. Es gibt nämlich verschiedene Teilchen, die sowohl eine hohe Masse haben als auch über ihre elektrische Ladung mit dem Photon wechselwirken, vor allem die W-Bosonen und das Top-Quark. Die entsprechenden Felder können über ihre virtuellen Anregungen als Katalysatoren für solche Teilchenreaktionen herhalten. So werden nach einer Teilchenkollision *sämtliche* Felder des Standardmodells betroffen und unterschiedlich stark angeregt. Die Stärke dieser Anregung übersetzt sich in der Quantentheorie in eine Wahrscheinlichkeit, mit der gewisse Vorgänge beobachtet werden. Somit können prinzipiell bei einer solchen Kollision *alle* möglichen Kombinationen und Konstellationen von Teilchen entstehen, die nicht durch eine Symmetrie in den

A. Knochel, *Neustart des LHC: das Higgs-Teilchen und das Standardmodell*, essentials, DOI 10.1007/978-3-658-11627-9_4

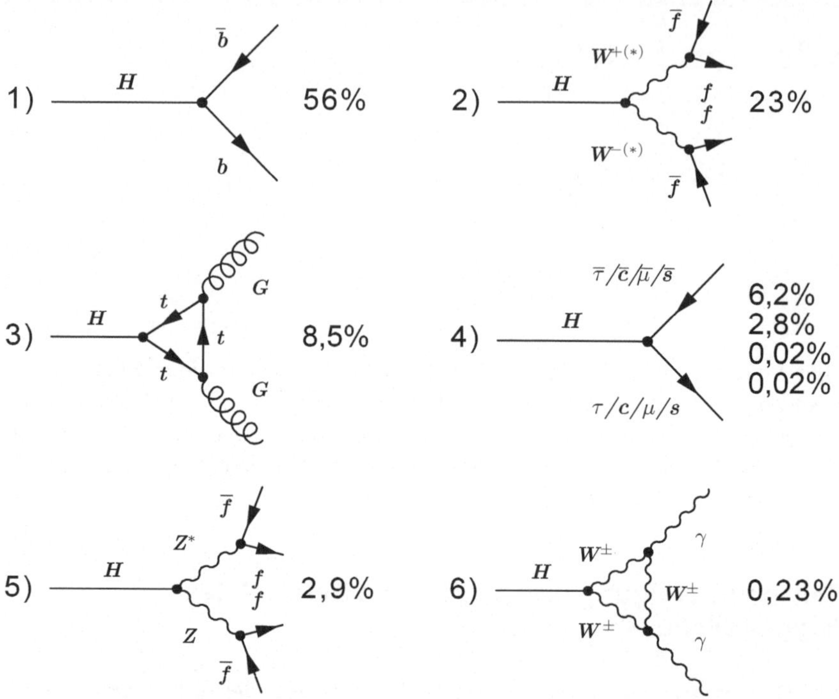

Abb. 1 Die wichtigsten Zerfallsmöglichkeiten des Higgs-Teilchens im Standardmodell mit ihren führenden Feynman-Diagrammen und den jeweils theoretisch vorhergesagten Häufigkeiten. 1) Das Bottom-Quark koppelt zwar wesentlich schwächer an das Higgs als das Top-Quark, ist aber im Gegensatz zu diesem leicht genug, um paarweise aus der Ruheenergie des Higgs erzeugt zu werden. Obwohl dies der häufigste Zerfall ist, ist es schwierig, ihn zu beobachten, da sehr viele Bottom-Quarks auch auf anderem Wege erzeugt werden. 2) Die Sterne (*) deuten an, dass eines der W-Bosonen virtuell sein muss, da das Higgs nicht genug Ruheenergie liefert, um zwei davon zu produzieren (da $80{,}4\ \text{GeV} + 80{,}4\ \text{GeV} > 125{,}9\ \text{GeV}$). 3) Der oben besprochene Produktionsprozess kann auch umgekehrt ablaufen, ist aber wiederum schwer zu beobachten. 4) Die Zerfälle in leichtere Fermionen sind seltener. 5) Auch wenn dieser Zerfall relativ selten ist, war er einer der beiden „Entdeckungskanäle“, da man ihn im Detektor sehr gut nachweisen kann, wenn es sich bei den Fermionen f um Leptonen handelt. Das gleiche gilt auch für den Zerfall in zwei Photonen in 6)

Naturgesetzen verboten sind – mit einer gewissen Wahrscheinlichkeit, die von der Theorie vorhergesagt wird. In gewissen Grenzen kann man steuern, welche Teilchen besonders häufig erzeugt werden, indem man die zu kollidierenden Teilchen und deren Energie geschickt wählt. Hier können verschiedene Beschleunigertypen unterschiedliche Stärken ausspielen.

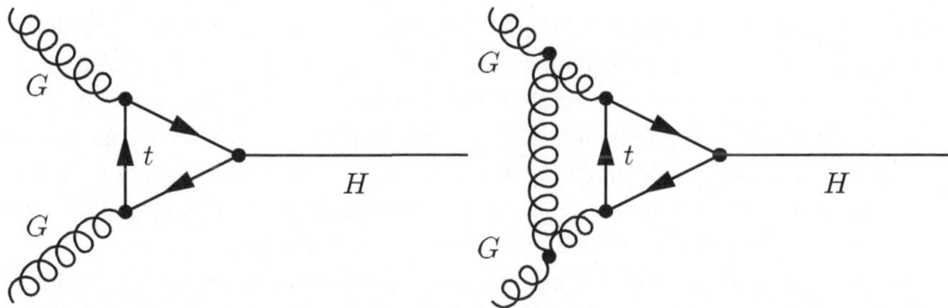

Abb. 2 Zwei Feynman-Diagramme, welche die Produktion des Higgs-Teilchens beschreiben, *links* der wichtigste Beitrag, *rechts* ein Diagramm mit einem zusätzlichen virtuellen Gluon

Feynman-Diagramme Eine besonders effiziente und gleichzeitig anschauliche Methode, um diese Wahrscheinlichkeiten von Teilchenreaktionen zu berechnen, ist Ihnen unter Umständen schon begegnet – die Feynman-Graphen oder -Diagramme. Dabei handelt es sich um graphische Darstellungen von Teilchenreaktionen. Die Bewegung („Propagation") von Teilchen wird durch Linien, ihre Wechselwirkungen durch Schnittpunkte von Linien dargestellt. Feynman-Diagramme sind ein erstaunlich leistungsfähiges Werkzeug, da sie nicht nur physikalische Vorgänge anschaulich bebildern, sondern für genau definierte mathematische Ausdrücke stehen – es sind durch Bilder dargestellte Formeln. Die Theorie liefert einen Satz „Eckteile" oder „Vertizes" (die möglichen Schnittpunkte) und die zugehörigen Formelbausteine. Aus diesen „Feynman-Regeln" werden nach dem Baukastenprinzip alle Diagramme, die zu einer bestimmten Teilchenreaktion beitragen, zusammengesetzt, und so eine mathematische Beschreibung des Streuvorgangs erhalten.

Der Prozess, mit dem laut Standardmodell das Higgs am LHC mit Abstand am häufigsten erzeugt wird, ist beispielsweise in erster Näherung durch das Diagramm in Abb. 2 links gegeben. Er heißt „Gluon-Fusion".

Dabei ist hier der Verlauf des Produktionsprozesses grob von links nach rechts zu lesen. Man kann das Diagramm umgangssprachlich so interpretieren: Aus den kollidierten Protonen (nicht gezeigt) werden zwei Gluonen abgestrahlt (die gekringelten Linien). Ein virtuelles Top-Quark-Paar entsteht spontan aus der Energie der Gluonen und vernichtet sich untereinander, wodurch ein Higgs-Teilchen erzeugt wird. Hier ist wichtig, dass das Top-Quark sowohl sehr massiv ist als auch an der starken Wechselwirkung teilnimmt, damit es zwischen den Gluonen und dem Higgs vermitteln kann. Die Details der Zeichnung (die genaue Richtung der Linien, ob sie gerade sind oder nicht), hat bei den Feynman-Diagrammen keine Bedeutung. Dass die Gluonen gekringelt dargestellt werden, hat ebenfalls keine physikalische

Bedeutung und ist nur ein traditionelles Stilmittel zur optischen Unterscheidung. Die zu den Diagrammen gehörigen mathematischen Ausdrücke liefern tatsächlich eine *quantitative* Vorhersage, wie häufig laut Standardmodell Higgs-Teilchen am LHC produziert werden. Das links gezeigte Diagramm stellt dabei die niedrigste Stufe einer systematischen Näherung dar, einer sogenannten *Störungsentwicklung*. Will man höhere Präzision, muss man Diagramme mit zusätzlichen virtuellen Teilchen in Form weiterer Linien hinzunehmen (Abb. 2, rechts).

Diese sogenannten Diagramme *höherer Ordnungen* zu berechnen wird schnell extrem aufwändig, und unter Elementarteilchentheoretikern existiert eine ganze Industrie, die sich dieser schwierigen Aufgabe mit vielen Tricks und massivem Computereinsatz widmet. Die so gewonnenen Vorhersagen für die Produktion des Higgs-Teilchens am LHC wurden übrigens bisher von den Messungen innerhalb der Messgenauigkeit bestätigt, was in Anbetracht der komplizierten indirekten Natur dieses Produktionsprozesses doch beachtlich ist. Für eine genauere Diskussion der Experimente verweise ich wieder auf die beiden experimentellen Teile.

Wie häufig das Higgs-Teilchen laut Standardmodell in welche Endprodukte zerfällt, ist in Abb. 1 für die wichtigsten Fälle zusammengefasst. Die Zahlen stammen von der LHC Higgs Cross Section Working Group (LHC HXSWG, https://twiki.cern.ch/twiki/bin/view/LHCPhysics/CrossSections) unter der Annahme $m_h = 125{,}9\ \text{GeV}$.

Was tun mit kurzlebigen Teilchen?

Die meisten der bekannten Elementarteilchen haben eine endliche Lebensdauer und zerfallen nach ihrer Erzeugung wieder in leichtere Teilchen[1]. Auch verschiedene hypothetische Szenarien neuer Physik sagen solche instabilen Teilchen voraus. Oft passieren diese Zerfälle sogar so schnell, dass man das Teilchen nie direkt in einem Detektor zu Gesicht bekommt, weil es schon wieder weg ist, bevor es überhaupt eine messbare Strecke fliegen und so registriert werden konnte. Dies ist insbesondere für die *W*- und *Z*-Bosonen, das Higgs und das Top-Quark der Fall, also die vier schwersten zur Zeit (Sommer 2015) bekannten Elementarteilchen. Wie kann man dann ein solches Teilchen überhaupt nachweisen? Hier muss man sich wohl oder übel damit begnügen, die Überreste des Zerfalls zu beobachten und aus ihnen Schlüsse über Masse, Spin etc. des zerfallenen Teilchens zu ziehen.

[1] Dies bedeutet aber nicht, dass sie in ihre *Bestandteile* zerfallen – die Zerfallsprodukte werden neu aus der Ruheenergie des zerfallenden Teilchens erzeugt.

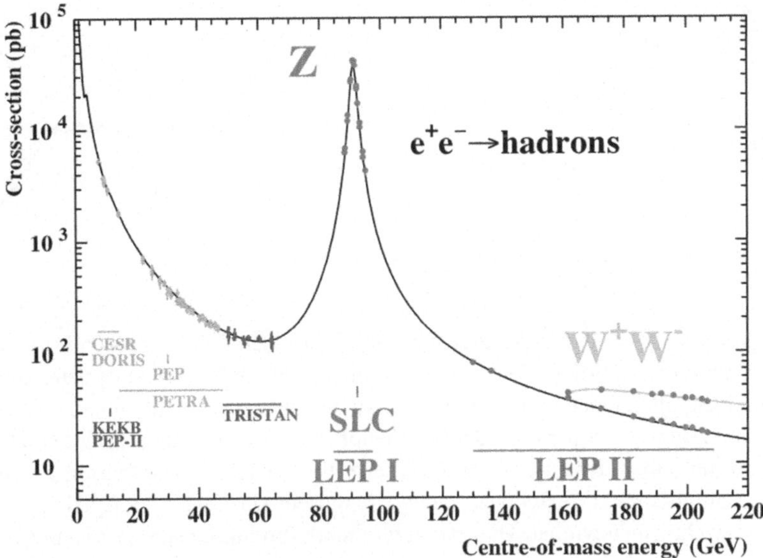

Abb. 3 Die Resonanz des Z-Bosons, wie sie an den Beschleunigern LEP und SLC beobachtet wurde. (Urheberrecht bei LEP Electroweak Working Group)

Im Idealfall kann man alle Teilchen, die in einem Zerfall entstehen, im Detektor sehen. Anhand deren Energie und Flugrichtung kann man zum Beispiel mit den Formeln der speziellen Relativitätstheorie die Ruheenergie, und damit die Masse, des kurzzeitig erzeugten und wieder zerfallenen Teilchens rekonstruieren. Da wir es dank der Quanteneffekte wieder mit einem statistischen Phänomen zu tun haben, führt man dieses Streuexperiment sehr häufig durch und macht dann eine Zählung, wie häufig die verschiedenen aus den Zerfallsprodukten rekonstruierten Schwerpunktsenergien auftreten. Sie sollten in der Nähe der tatsächlichen Ruheenergie des Teilchens $E = mc^2$ eine charakteristische Häufung aufweisen. In Abb. 3 ist dies für die Messung des Z-Bosons an den Beschleunigern LEP und SLC gezeigt.

Es fällt auf, dass die Energien der Zerfallsprodukte nicht streng bei der *eigentlichen* Masse von 91 GeV liegen, wie man gemäß $E = mc^2$ erwarten würde, sondern in der Form einer sogenannten Resonanz um diese verteilt sind. Diese Resonanz wird umso gedämpfter und breiter („verwaschener"), je kurzlebiger das fragliche Teilchen ist. Die anschauliche Deutung ist folgende: Hier wird durch den Beschleuniger das Feld des Z-Bosons angeregt, und je näher die Energie an der eigentlichen Masse ist, umso erfolgreicher ist diese Anregung. Je schneller ein Teilchen zerfallen kann, umso gedämpfter ist die Resonanz, weil die Energie schnell ander-

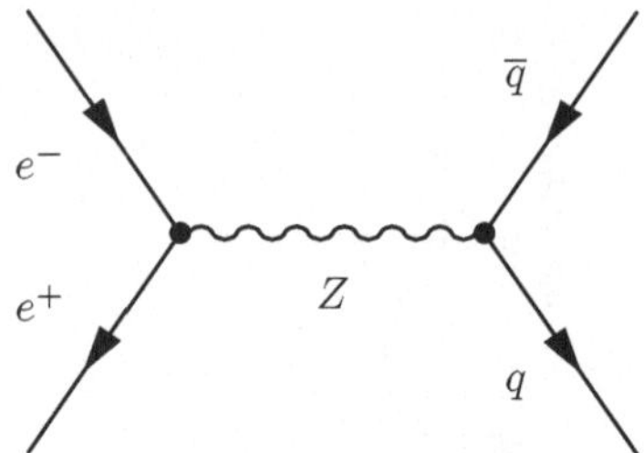

Abb. 4 Das führende Feynman-Diagramm, welches die Produktion und den Zerfall des Z-Bosons an den Beschleunigern LEP und SLC beschreibt

weitig abgeführt wird. Der Vergleich mit mechanischen Schwingungen bringt uns hier ziemlich weit: Solche Resonanzphänomene kennen Sie auch aus dem Alltag! Bei meinem alten Opel zum Beispiel begann bei etwa 3000 Umdrehungen/Minute alles zu vibrieren. Da wir es in der Teilchenphysik aber mit einem Quantenphänomen zu tun haben, tritt dort diese Resonanz als statistische Häufung in Erscheinung, statt als verstärkte Schwingung wie in diesem klassischen Beispiel.

Das wichtigste Feynman-Diagramm für diesen Produktionsprozess ist in Abb. 4 gezeigt.

In diesem Prozess kommen aus dem Beschleuniger (hier beispielsweise die LHC-Vorgängermaschine LEP) ein Elektron und ein Positron und vernichten sich zu einem *Z*, welches weiter in ein paar Quarks zerfällt. Diese Quarks bilden dann Hadronen, weshalb in der Grafik der Prozess mit $e^+e^- \rightarrow hadrons$ bezeichnet ist. Die Entdeckung eines neuen Teilchens wird beispielsweise dann verkündet, wenn eine solche konzentrierte Häufung der Streuereignisse, eine Resonanz, bei einer bestimmten Energie beobachtet wird. Genau so war es auch beim Higgs - Die Higgs-Resonanz ist allerdings viel schmaler als die Auflösung der Detektoren, und so konnte bisher nur eine punktuelle Häufung festgestellt werden, deren genaue Form aber leider noch nicht. Der Übergang zwischen einer indirekten Beobachtung virtueller Teilchen und der direkten Beobachtung eines „reellen" Teilchens ist dann gemacht, wenn das Experiment bis zu dieser Resonanz vordringt und diese wie in Abb. 3 mit ausreichender statistischer Signifikanz (üblicherweise mit einer Sicherheit von 5 Standardabweichungen) herausstellen kann. Die Suche nach solchen Resonanzen ist also die typische Entdeckungsmethode für neue kurzlebige Teilchen, sofern alle Zerfallsprodukte im Detektor sichtbar sind. Sind manche der Zerfallsprodukte nicht einfach nachweisbar, weil es sich um Neutrinos oder gar um Dunkle Materie handelt, kann man die Resonanzen nicht direkt beobachten und muss sich mit weniger Informationen zufrieden geben. Hier gibt es verschiedene Tricks, wie man dennoch möglichst viel über die neuen Teilchen aussagen kann.

Ausblick und Zusammenfassung

Die Higgs-Entdeckung – Fluch oder Segen?

Auch wenn die lange erwartete Entdeckung eines Higgs-Teilchens – wie auch von mir in der Einleitung dargestellt – enthusiastisch begrüßt wurde, sehen viele sie mit einem lachenden und einem weinenden Auge, gerade da diese Entdeckung im ersten Betriebsabschnitt des LHC nicht von weiteren Neuentdeckungen begleitet wurde. Vor der Entdeckung hatte die Theorie über Jahrzehnte hinweg eine glasklare Ansage gemacht: Das Standardmodell war ohne Higgs – oder einen äquivalenten Ersatz – aufgrund der auftretenden Unendlichkeiten unvollständig: Es fehlte eine Erklärung, wie die Massen der Elementarteilchen mit den Symmetrien der elektroschwachen Wechselwirkung in Einklang zu bringen seien. Man wusste aus theoretischen Überlegungen, dass die Antwort auf diese Frage bei Energieskalen zwischen ca. 100–1000 GeV liegen musste, nicht zufällig mitten in der Reichweite des LHC. Selbst, wenn kein Higgs-Teilchen existierte, hatte der LHC seine Rechtfertigung, da man sich recht sicher sein konnte, den entsprechenden Ersatz für das Higgs, den die Natur stattdessen bereithielt, zu entdecken – man nannte diese Überlegungen das „no lose-Theorem" für den LHC: Man konnte mit dem LHC nicht verlieren, egal ob es das Higgs gab oder nicht. Entspricht das neu entdeckte Teilchen nun wirklich in seinen Eigenschaften genau dem erwarteten Higgs-Teilchen – gegenteilige Anzeichen gibt es zur Zeit *noch* nicht – ist das Standardmodell sozusagen gedeckelt. Es gibt dann keine zwingenden *mathematischen* Gründe, warum weitere neue Entdeckungen am LHC anstehen müssen, da die Theorie nun in sich geschlossen konsistent ist. In diesem Fall gibt es nur empirische Gründe und theoretische *Hinweise*, die auf weitere Entdeckungen hoffen lassen. Diese sind aber bei weitem nicht so zwingend wie das „no lose-Theorem", und es ist nicht klar, welche der noch offenen Fragen in der Teilchenphysik der LHC wirklich klären kann. Dies kann sich natürlich jederzeit ändern, falls die Experimente des

A. Knochel, *Neustart des LHC: das Higgs-Teilchen und das Standardmodell*, essentials, DOI 10.1007/978-3-658-11627-9_5

LHC die Entdeckung neuer Teilchen verkünden oder sich in den Eigenschaften des Higgs-Teilchens signifikante Abweichungen von der Erwartung finden – dann sind diese Überlegungen vielleicht hinfällig. So lange weitere Entdeckungen auf sich warten lassen, macht sich in der Community jedoch eine merkliche Katerstimmung breit.

Was fehlt im Standardmodell, und wie geht es weiter?

Was sind diese empirischen Gründe und theoretischen Hinweise, die uns verraten, dass das Standardmodell unvollständig ist? Diesem Thema ist ein Großteil des zweiten Bands von „Die Teilchenphysik hinter der Weltmaschine" gewidmet, weshalb ich hier nur kurz einige wichtige Punkte aufzähle. Diese Liste ist wohl etwas subjektiv, und andere Autoren würden die Prioritäten möglicherweise anders setzten, es handelt sich aber um allgemein bekannte Argumente:

- Die in astrophysikalischen Beobachtungen nachgewiesene Dunkle Materie wird durch das Standardmodell allein nicht beschrieben.
- Etwa seit der Jahrtausendwende wissen wir, dass Neutrinos zwar sehr leicht, aber nicht gänzlich masselos sind. Massen für Neutrinos sind im Standardmodell in seiner einfachsten Form nicht vorgesehen. Es gibt jedoch verschiedene Möglichkeiten, sie einzubauen. Welche ist die korrekte?
- Das Standardmodell ist zwar mit so gut wie allen bisher durchgeführten teilchenphysikalischen Experimenten im Einklang, es gibt aber wenige hartnäckige Abweichungen, die sich schon eine Weile halten. Man könnte hoffen, dass sie Hinweise auf neue Phänomene jenseits der bekannten Physik sind.

Zudem macht seit Dezember 2015 eine kleine resonanzartige Abweichung von sich reden, die sowohl von ATLAS als auch CMS mit mäßiger statistischer Signifikanz in den neuen Daten gesehen wird. Sie könnte von einem neuen Boson bei einer Masse von etwa 750 GeV stammen, es kann sich aber auch um eine statistische Fluktuation handeln. Hier werden die Messungen des folgenden Jahres wahrscheinlich Klarheit bringen, und der Effekt wird entweder wieder verschwunden sein, oder eine Sensation steht ins Haus.

- Das Standardmodell allein kann nicht erklären, weshalb nach dem Urknall eine kleine Menge Materie übrig blieb, während die Antimaterie verschwunden ist.
- Die Mehrheit der Kosmologen geht davon aus, dass das frühe Universum eine kurze Phase sehr starker Expansion durchlaufen hat (die Inflation). Ein Mechanismus dafür ist im Standardmodell wohl nicht enthalten.
- Die Existenz neuer Teilchen könnte die Vereinigung der Grundkräfte begünstigen.

Darüber hinaus gibt es noch eher theoretisch motivierte Hinweise auf die Unvollständigkeit des Standardmodells:

- Es fehlt eine vollständig konsistente Vereinigung des Standardmodells mit der allgemeinen Relativitätstheorie.
- Neben der Dunklen Materie liefern astrophysikalische Beobachtungen auch Hinweise auf die sogenannte Dunkle Energie, die eine beschleunigte Expansion des Kosmos antreibt. Weshalb hat sie gerade den beobachteten Wert?
- Weshalb ist die Gravitation so viel schwächer als die anderen Grundkräfte?

All diese Punkte und noch einige weitere, die hier unerwähnt blieben, liefern genug Anlass, die Köpfe der Theoretiker und Experimentatoren gleichermaßen rauchen zu lassen und zu hoffen, dass uns in der zweiten Phase des LHC neue bahnbrechende Entdeckungen erwarten. Welche Modelle man sich überlegt hat, um diese Fragestellungen anzugehen, welche Phänomene auftauchen könnten – neue Teilchen, Symmetrien, Dimensionen – und wie man sie am LHC entdecken kann, darum geht es im zweiten Teil.

Was Sie aus diesem Essential mitnehmen können

- Das Standardmodell der Teilchenphysik ist eine sehr mächtige Theorie, die mit wenigen Ausnahmen eine hervorragende Beschreibung der grundlegenden Naturgesetze liefert.
- Symmetrien sind eines der wichtigsten Konstruktionsprinzipien der modernen Physik. Der Higgs-Mechanismus ist die einfachste Möglichkeit, den Elementarteilchen Massen zu verleihen, ohne die für die Konsistenz notwendigen Symmetrien der elektroschwachen Wechselwirkung zu zerstören.
- Da das Standardmodell der Teilchenphysik mathematisch in sich abgeschlossen und konsistent ist, ist nicht klar, bei welchen Energieskalen neue Physik ins Spiel kommt.
- Der Large Hadron Collider testet das Standardmodell bei bisher unerreichten Energien und kann Entdeckungen machen, die unser Verständnis der fundamentalen Teilchen und Wechselwirkungen revolutionieren.

A. Knochel, *Neustart des LHC: das Higgs-Teilchen und das Standardmodell*,
essentials, DOI 10.1007/978-3-658-11627-9